AF635664

Das Übungsheft

Kleines Einspluseins

Mathematik

Nina Simon und Hendrik Simon

Name: ______________________________

Klasse: __________

Bestell-Nr. 1504-38 · ISBN 978-3-619-15438-8

www.mildenberger-verlag.de
E-Mail: info@mildenberger-verlag.de
Auflage 5 4 3 2
Jahr 2024 2023 2022 2021

Redaktion: Sebastian Tonner
Illustrationen: tiff.any GmbH, Berlin/Mario Kuchinke-Hofer, Miriam Fritz
Layoutkonzeption: tiff.any GmbH, Berlin
Gestaltung und Satz: tiff.any GmbH, Berlin
Druck: EuroPrintPartner GmbH & Co. KG, 77694 Kehl

Mildenberger

1 Wie viele sind es?

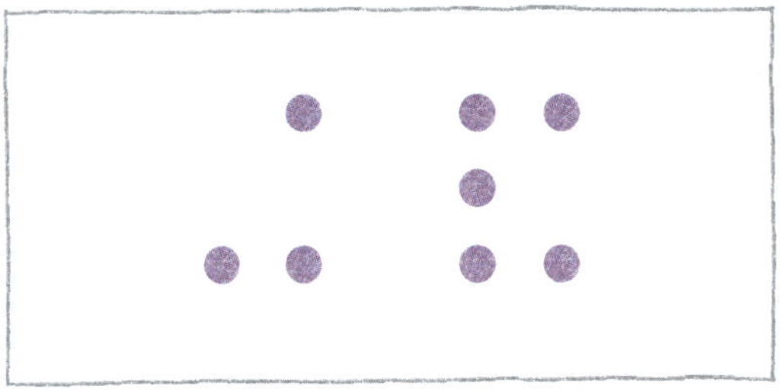

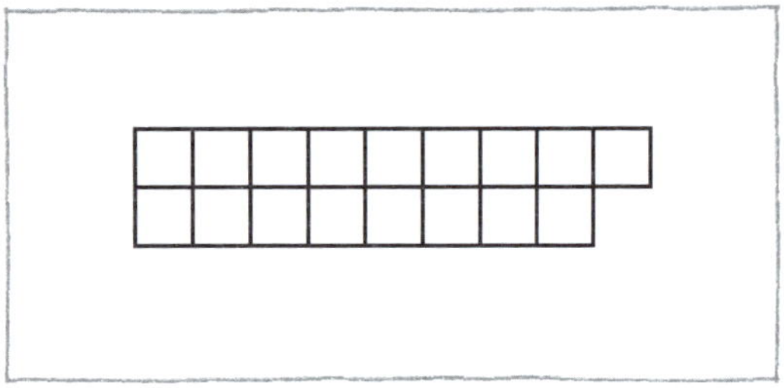

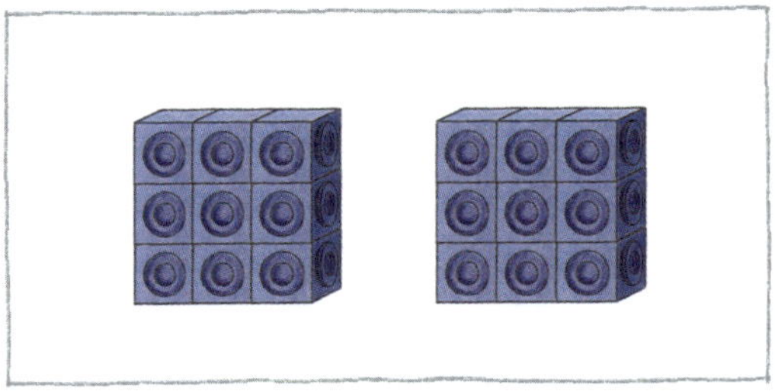

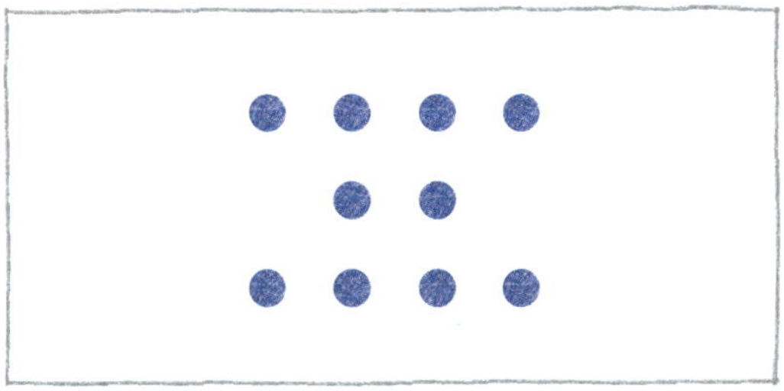

1 Wie viele sind es?

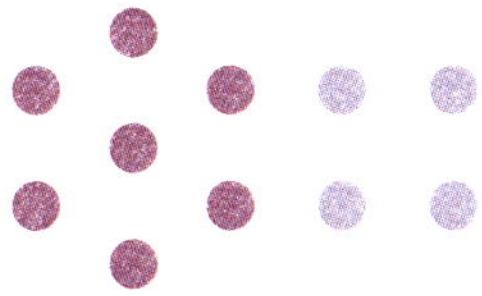

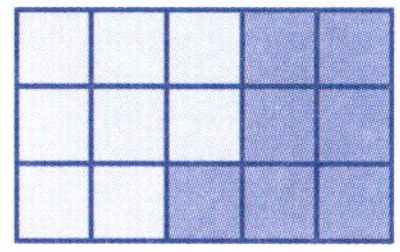

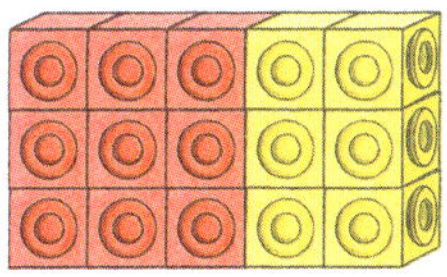

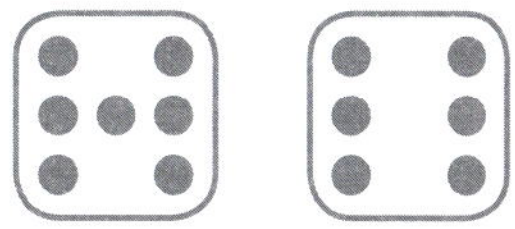

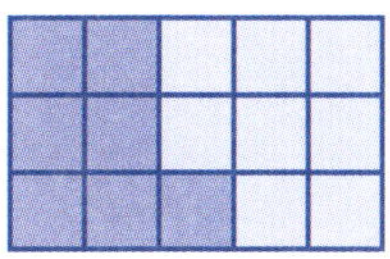

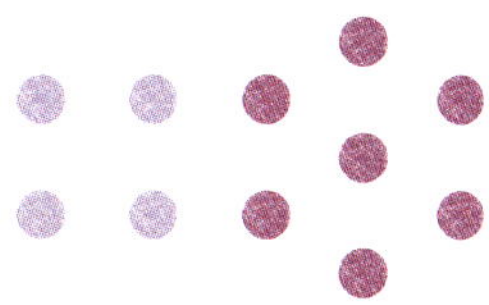

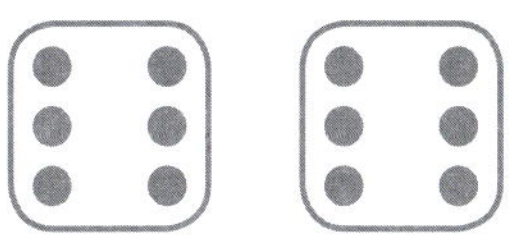

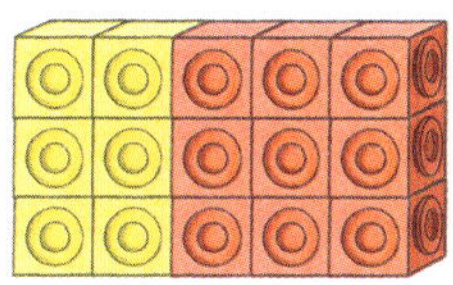

1 Wie viele sind es?

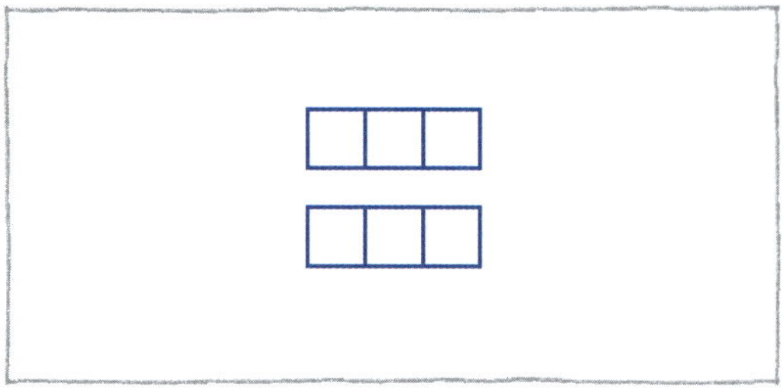

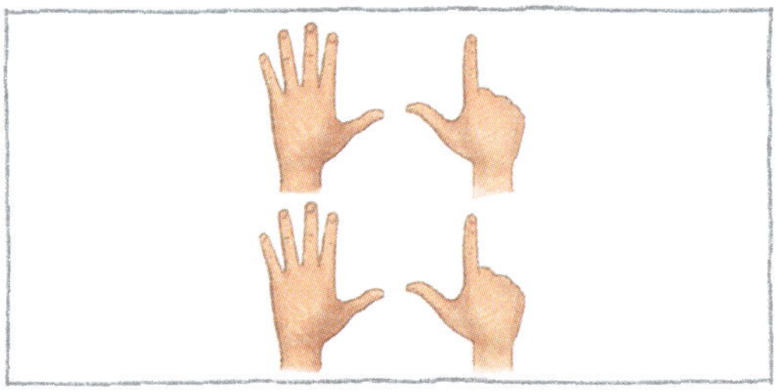

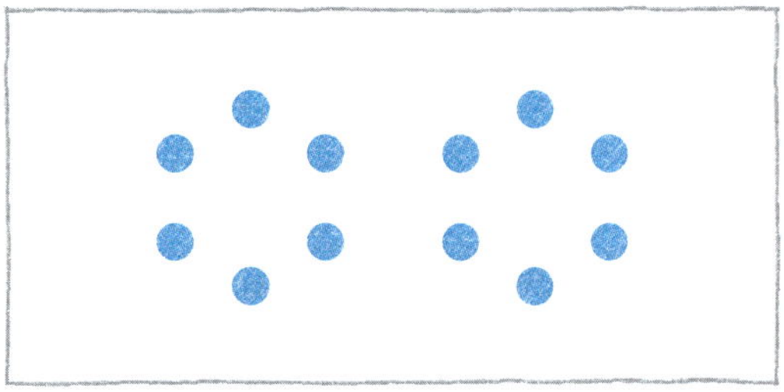

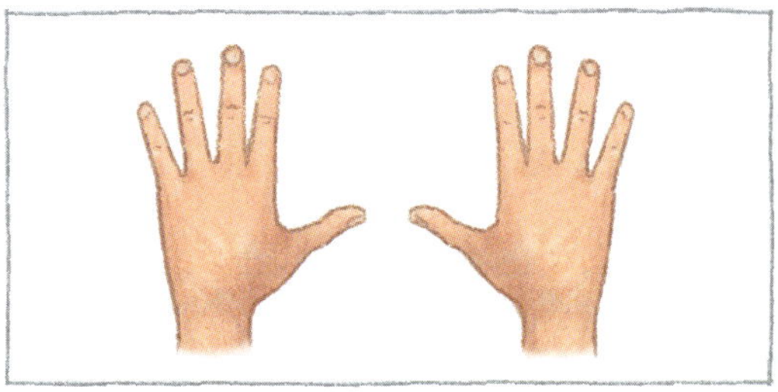

1 Wie viele sind es?

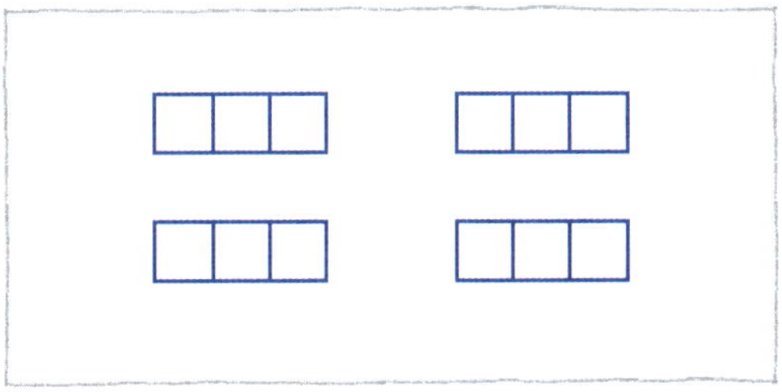

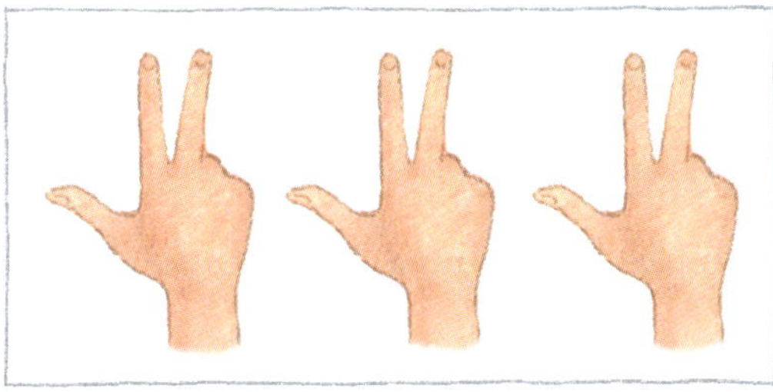

1 Wie viele sind es?

1 Lege mit so wenigen Steckwürfel-Kärtchen wie möglich. Zeichne.

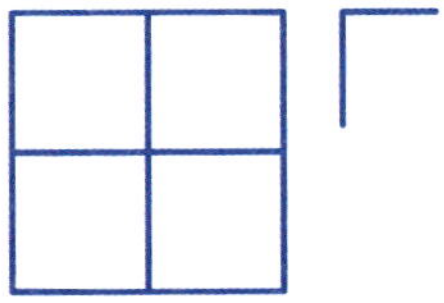

8

6

12

5

14

16

19

1 Wie viele sind es?

a)

9

b)

7

c)

13

d)

18

2 Schreibe zu jeder Zahl den Vorgänger und den Nachfolger auf.

	12	
	14	
	7	
	15	
	6	

	8	
	9	
	10	
	11	
	19	

	16	
	17	

1 Finde zu jedem farbigen Kasten den Vorgänger (V) und den Nachfolger (N). Umrande sie in derselben Farbe wie den dazugehörigen farbigen Kasten.

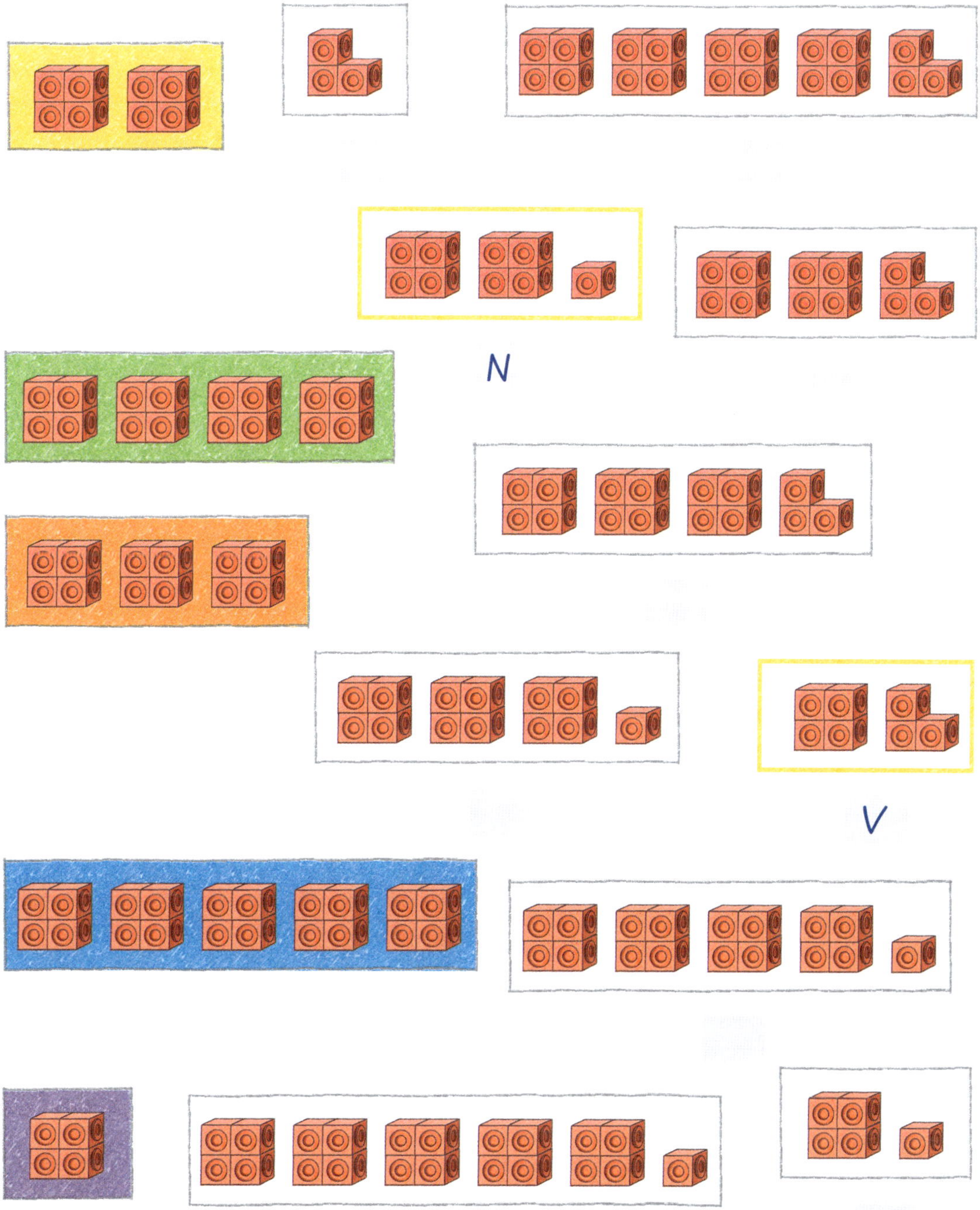

1 Zeichne zu jeder Aufgabe die passende Tauschaufgabe. Rechne.

a)

3 + 5 = 8

5 + ___ = ___

b)

___ + ___ = ___

___ + ___ = ___

c)

___ + ___ = ___

___ + ___ = ___

2 Welche Aufgaben rechnest du zuerst? Kreuze an.

1 + 6 = ___ ☐	7 + 2 = ___ ☐	1 + 5 = ___ ☐
6 + 1 = ___ ☐	2 + 7 = ___ ☐	5 + 1 = ___ ☐
2 + 9 = ___ ☐	8 + 1 = ___ ☐	2 + 8 = ___ ☐
9 + 2 = ___ ☐	1 + 8 = ___ ☐	8 + 2 = ___ ☐

1 Male an und rechne.

a) 4 + 2 =

4 + 3 =

4 + 4 =

4 + 5 =

4 + 6 =

b) 6 + 3 =

5 + 3 =

4 + 3 =

3 + 3 =

2 + 3 =

c) 3 + 1 =

4 + 1 =

5 + 1 =

6 + 1 =

7 + 1 =

d) 2 + 8 =

2 + 7 =

2 + 6 =

2 + 5 =

2 + 4 =

1 Setze fort.

a) 7 = 3 + 4

7 = 4 + 3

7 = 5 + ___

7 = ___ + ___

b) 6 = 2 + 4

6 = 3 + ___

6 = ___ + ___

6 = ___ + ___

c) 9 = 4 + 5

9 = 3 + ___

9 = ___ + ___

9 = ___ + ___

d) 8 = 6 + 2

8 = 5 + ___

8 = ___ + ___

8 = ___ + ___

1 Finde verschiedene Zerlegungen der Zahl 7. Male an.

7 = 4 +

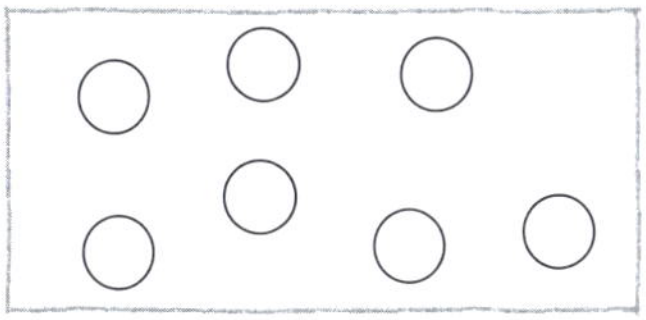

7 = +

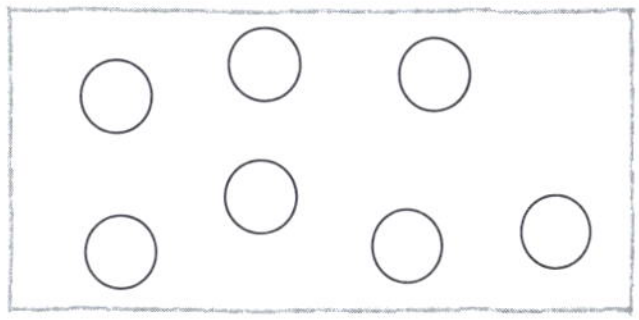

7 = +

2 Finde verschiedene Zerlegungen der Zahl 5. Male an.

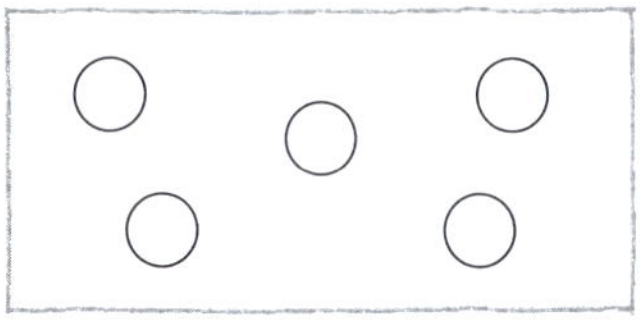

5 = +

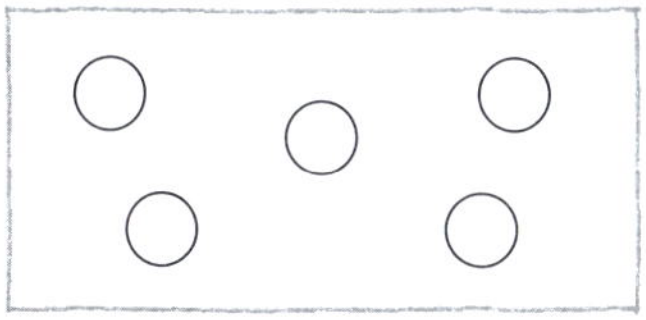

5 = +

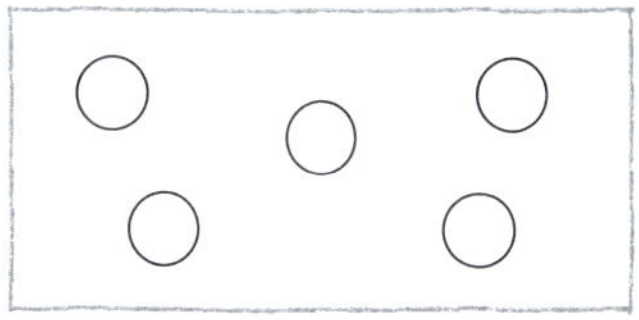

5 = +

3 Finde verschiedene Zerlegungen der Zahl 4. Zeichne.

4 = +

4 = +

4 = +

4 Finde verschiedene Zerlegungen der Zahl.

a) 8 = +
8 = +
8 = +
8 = +

b) 9 = +
9 = +
9 = +
9 = +

c) 6 = +
6 = +
6 = +
6 = +

1 Wie viele sind es?

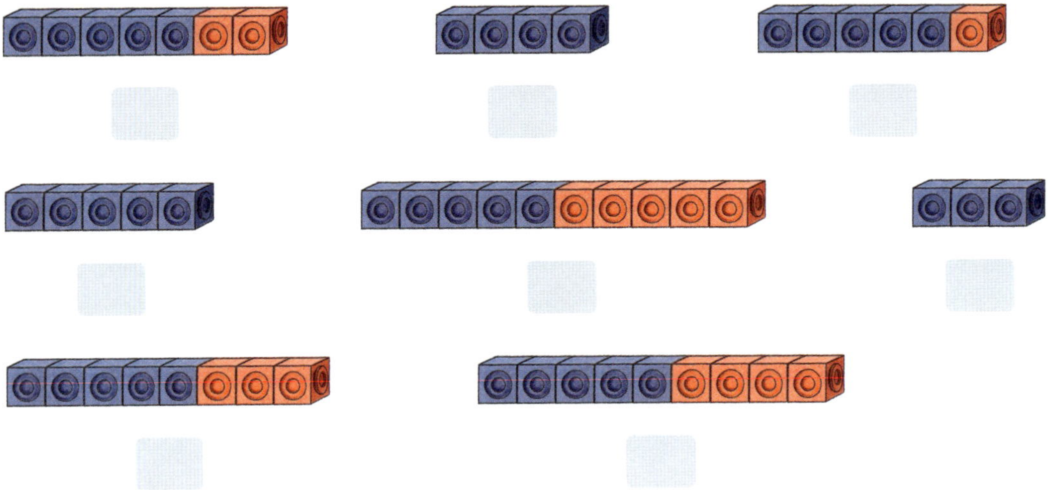

2 Lege nach und zeichne.

6

4

9

7

5

8

3

10

1 Immer 10. Verbinde.

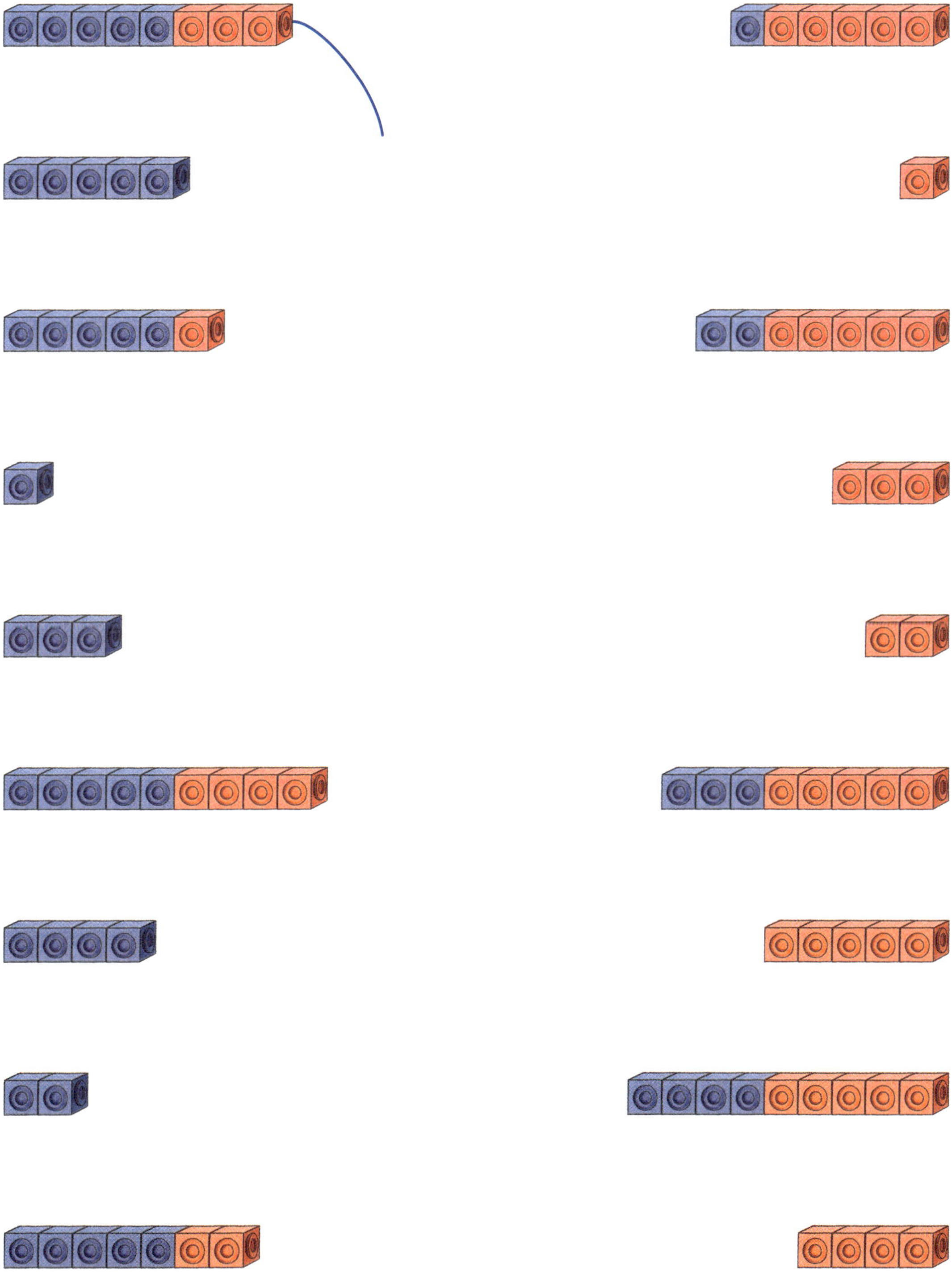

1 Male an und rechne.

a)
3 + 3 = 6 ●●●●●●
5 + ☐ = 8 ○○○○○ ○○○
2 + ☐ = 7 ○○○○○ ○○
6 + ☐ = 9 ○○○○○ ○○○○

b)
1 + ☐ = 4 ○○○○
2 + ☐ = 6 ○○○○○ ○
6 + ☐ = 7 ○○○○○ ○○
2 + ☐ = 5 ○○○○○

c)
4 + ☐ = 8 ○○○○○ ○○○
6 + ☐ = 10 ○○○○○ ○○○○○
5 + ☐ = 9 ○○○○○ ○○○○
4 + ☐ = 7 ○○○○○ ○○

d)
2 + ☐ = 3 ○○○
2 + ☐ = 4 ○○○○
4 + ☐ = 7 ○○○○○ ○○
1 + ☐ = 5 ○○○○○

e)
4 + ☐ = 10 ○○○○○ ○○○○○
4 + ☐ = 6 ○○○○○ ○
6 + ☐ = 8 ○○○○○ ○○○
3 + ☐ = 10 ○○○○○ ○○○○○

f)
1 + ☐ = 3 ○○○
3 + ☐ = 7 ○○○○○ ○○
1 + ☐ = 2 ○○
3 + ☐ = 5 ○○○○○

g)
3 + ☐ = 9 ○○○○○ ○○○○
5 + ☐ = 7 ○○○○○ ○○
5 + ☐ = 10 ○○○○○ ○○○○○
3 + ☐ = 8 ○○○○○ ○○○

1 Setze fort. Male an.

1	2	3	4	5	6	7	8	9	10	11	12	13	14	15	16

2 Setze die passenden Zahlen in die gelben Felder.

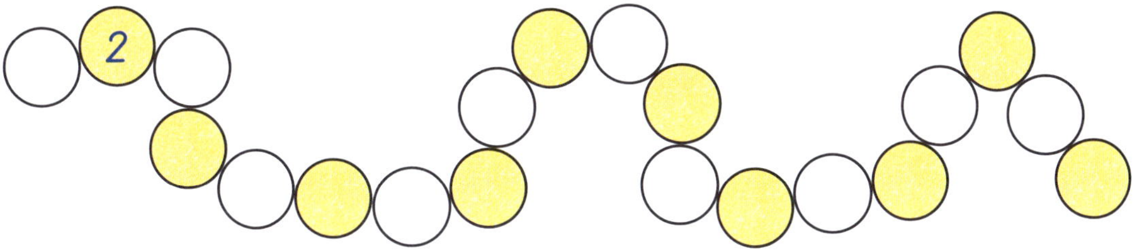

3 Setze fort. Zeichne.

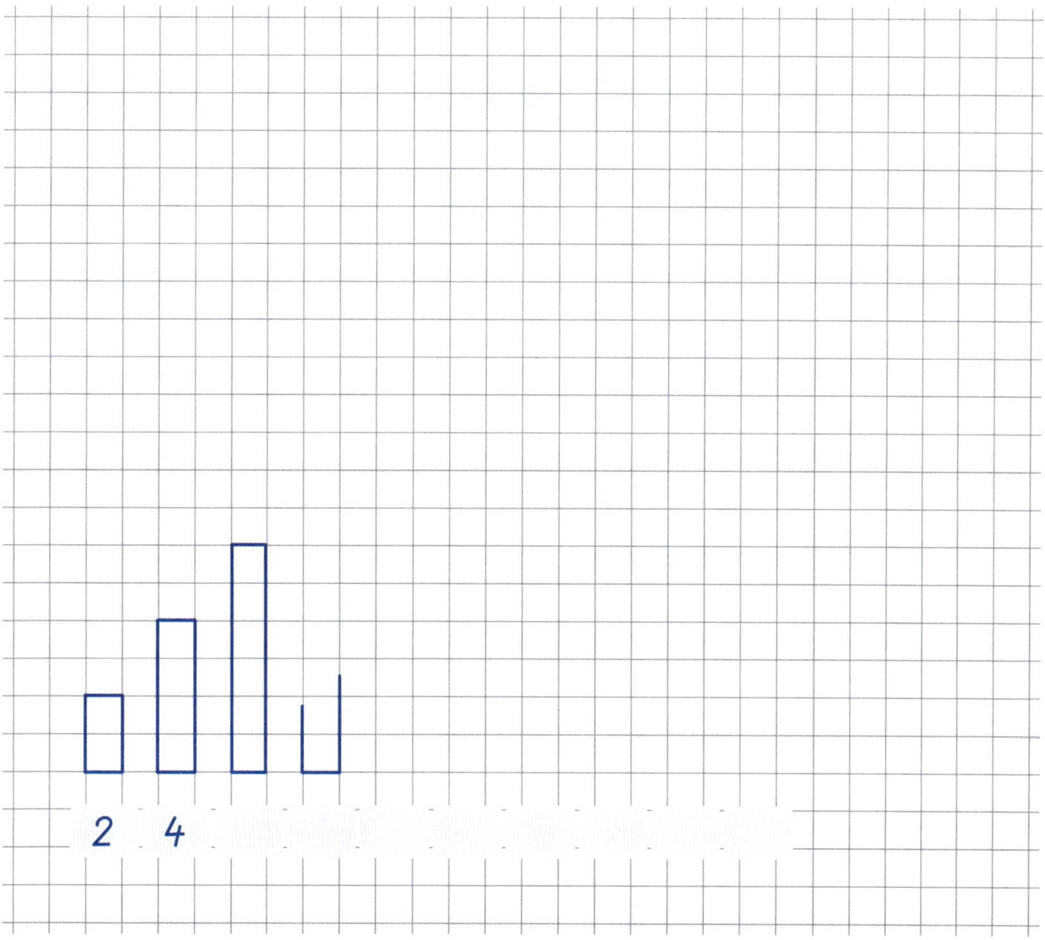

1 Lege mit den Steckwürfel-Kärtchen nach. Rechne.

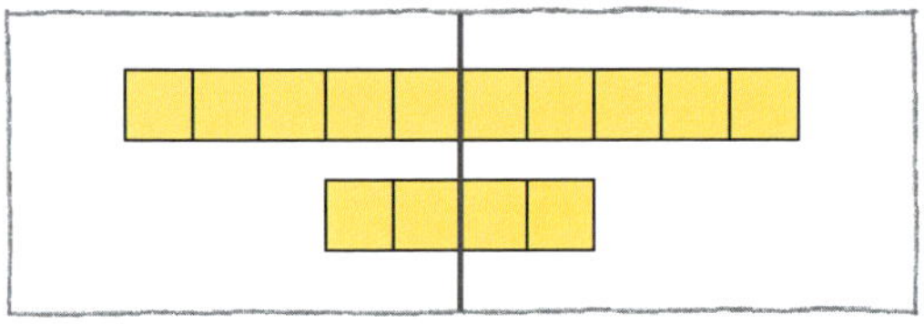

14 = 7 + ___

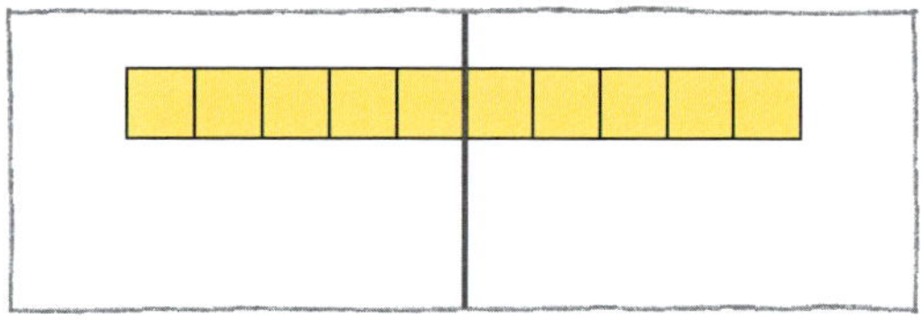

10 = ___ + ___

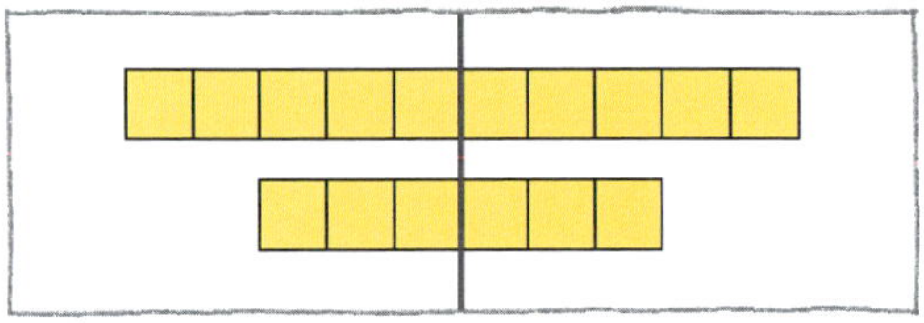

___ = ___ + ___

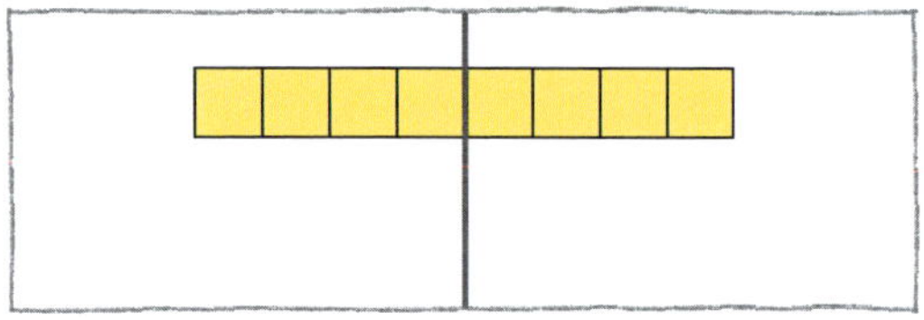

___ = ___ + ___

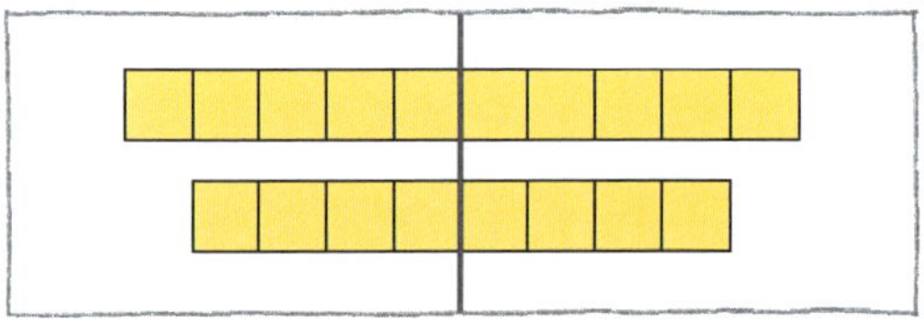

___ = ___ + ___

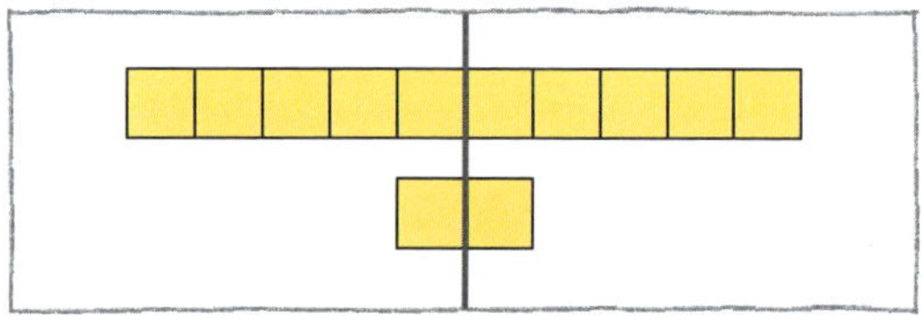

___ = ___ + ___

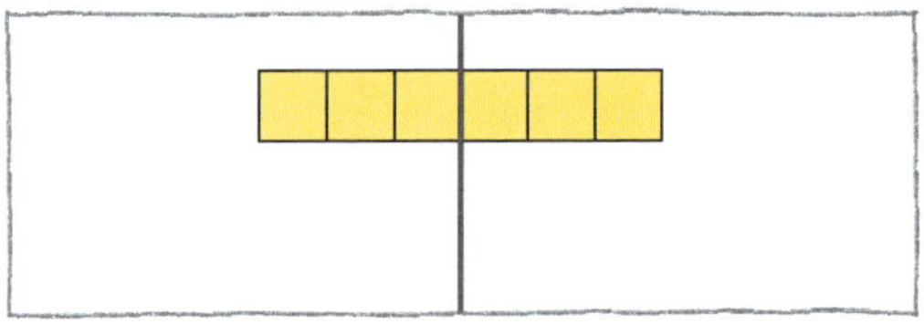

___ = ___ + ___

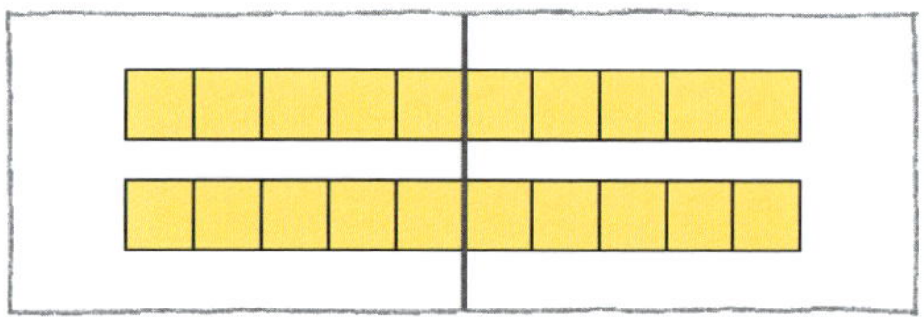

___ = ___ + ___

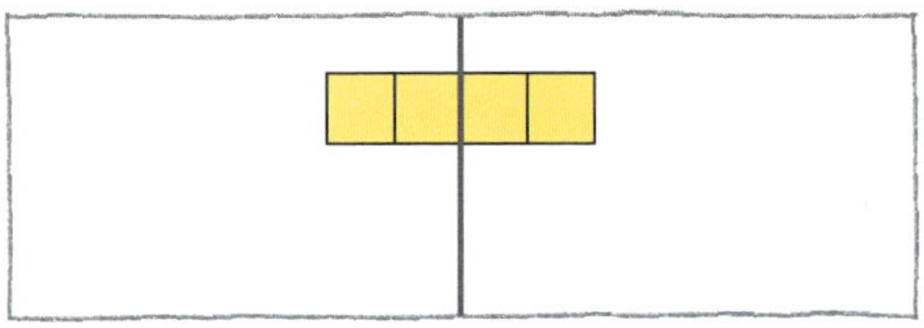

___ = ___ + ___

1 Immer plus 2. Zeichne dazu und rechne.

5 + 2 =

+ 2 =

+ 2 =

+ 2 =

+ 2 =

+ 2 =

2 Rechne.

11 + 2 =	12 + 2 =	10 + 2 =
8 + 2 =	17 + 2 =	15 + 2 =
14 + 2 =	7 + 2 =	13 + 2 =

1 Verdopple. Male an und rechne.

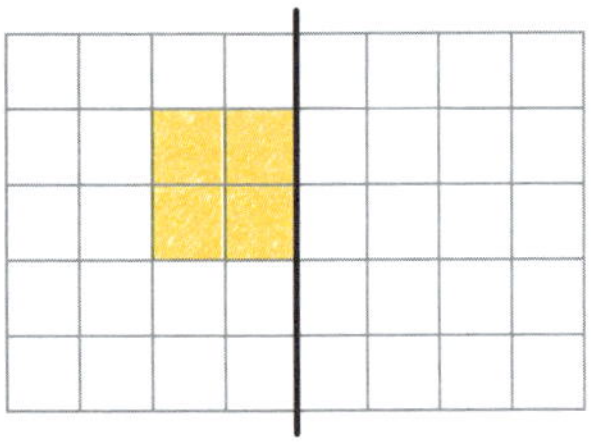

4 + 4 =

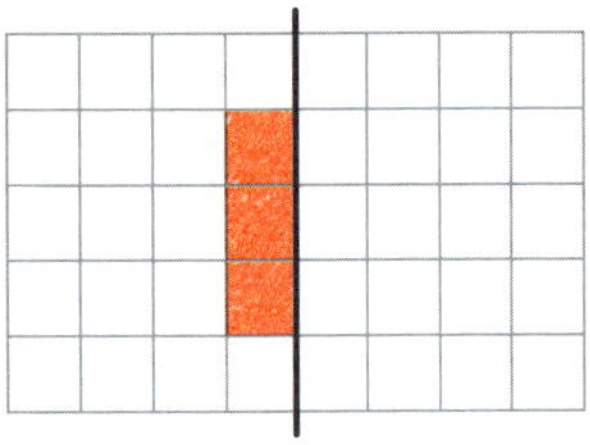

+ =

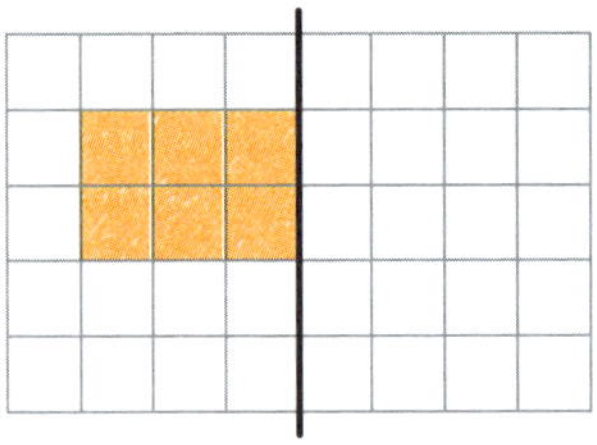

+ =

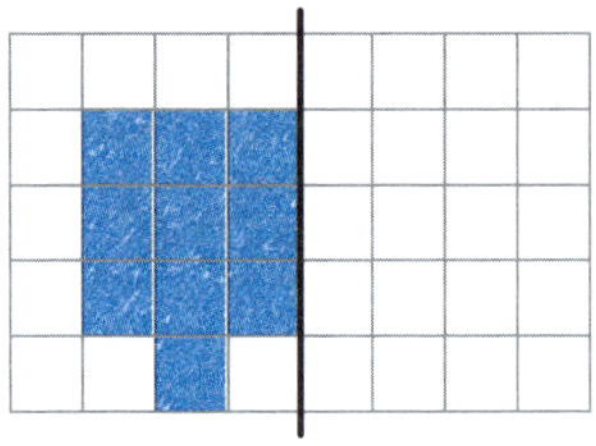

+ =

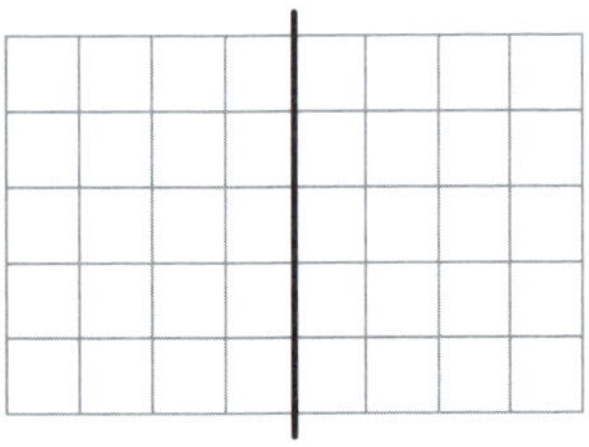

8 + =

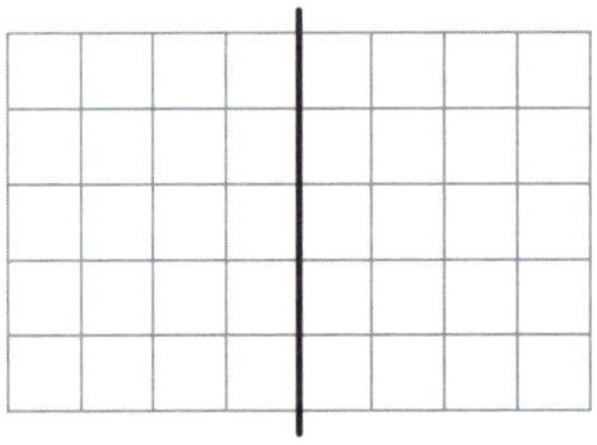

2 + =

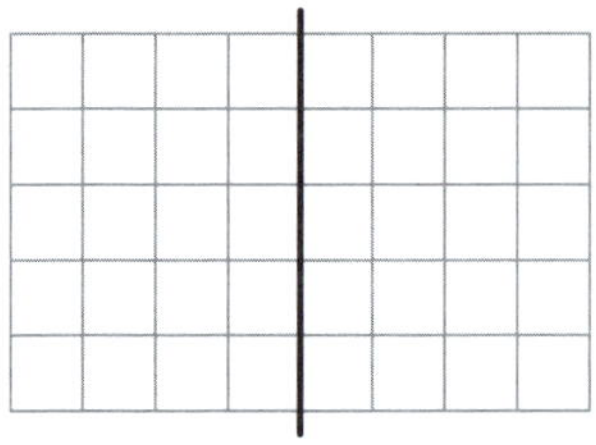

9 + =

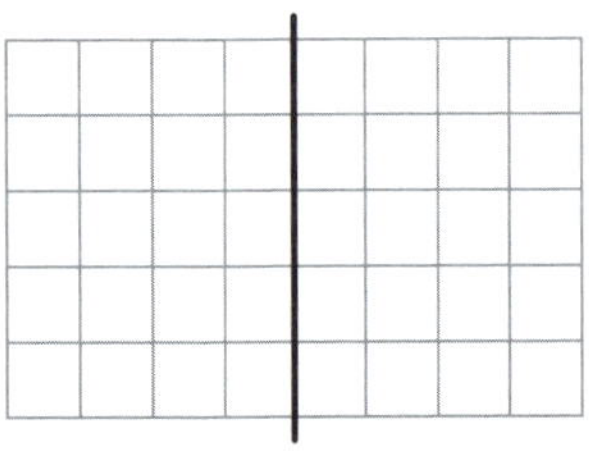

+ = 10

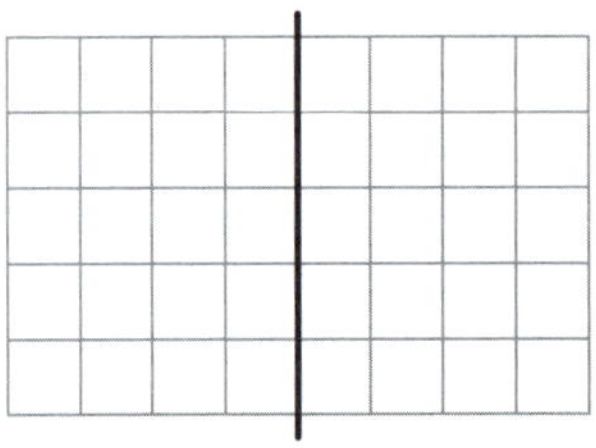

+ = 14

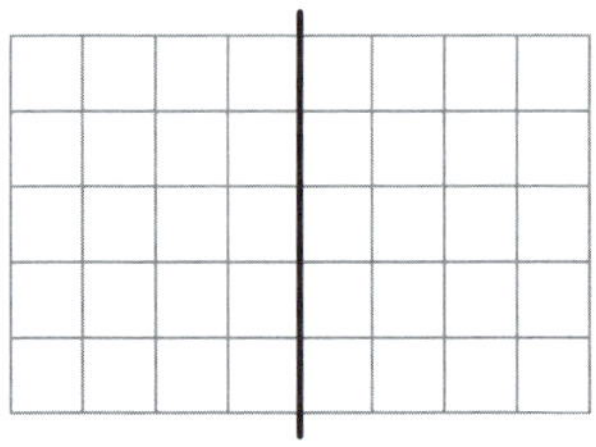

+ = 20

1 Rechne.

a) 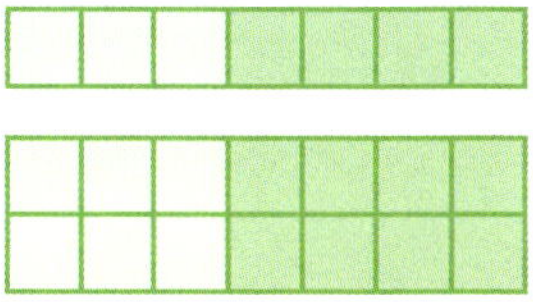

3 + 4 =

6 + 8 =

b) 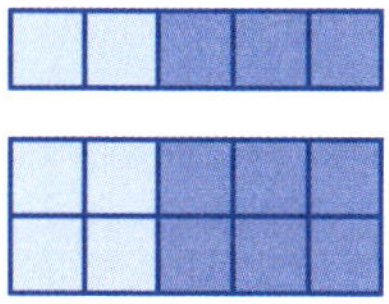

2 + 3 =

4 + 6 =

c) 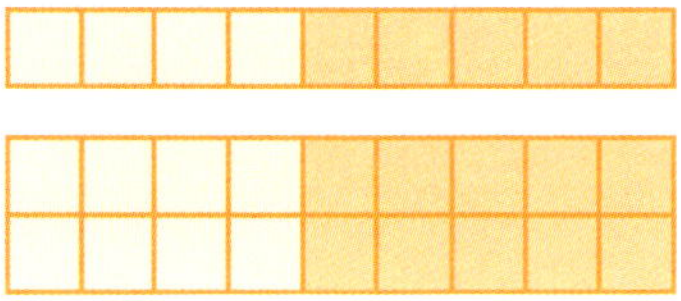

\+ =

\+ =

d) 

\+ =

\+ =

e) 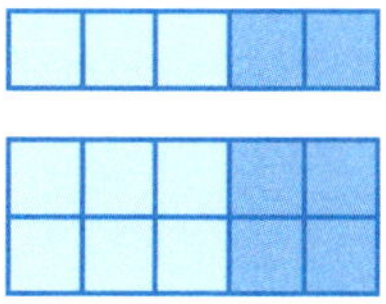

\+ =

\+ =

f) 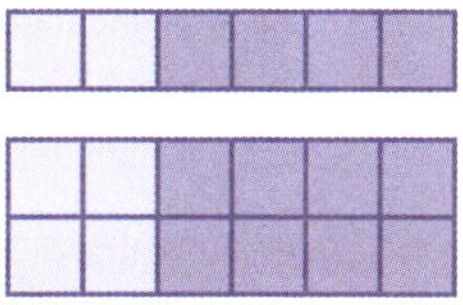

\+ =

\+ =

g) 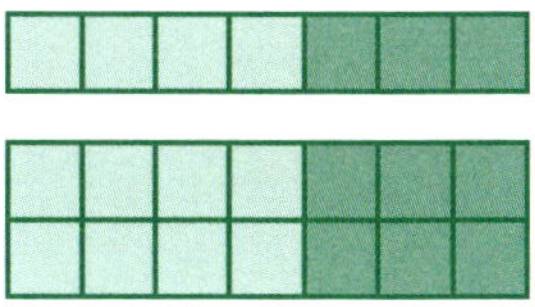

\+ =

\+ =

h) 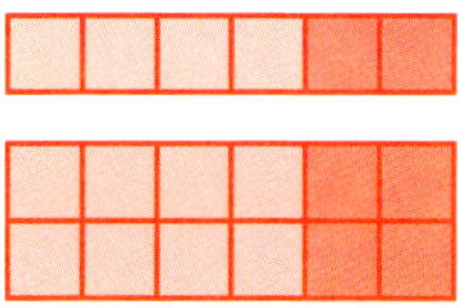

\+ =

\+ =

1 Setze fort.

a)

6 + 0 = ☐

5 + 1 = ☐

☐ + ☐ = ☐

☐ + ☐ = ☐

☐ + ☐ = ☐

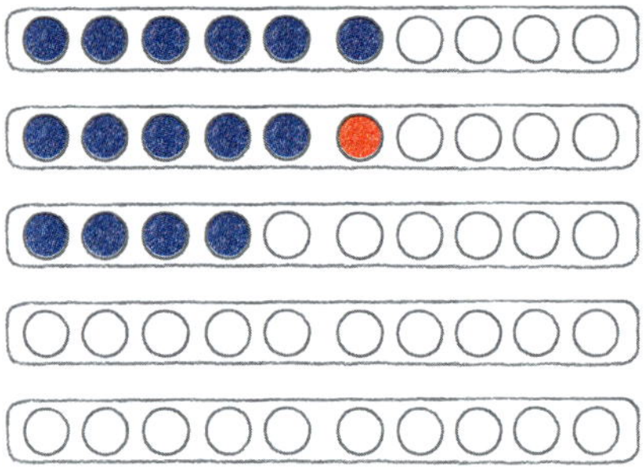

b)

5 + 3 = ☐

4 + 4 = ☐

3 + ☐ = ☐

☐ + ☐ = ☐

☐ + ☐ = ☐

c)

8 + 2 = ☐

7 + 3 = ☐

6 + ☐ = ☐

☐ + ☐ = ☐

☐ + ☐ = ☐

d)

2 + 7 = ☐

3 + 6 = ☐

4 + ☐ = ☐

☐ + ☐ = ☐

☐ + ☐ = ☐

e)

2 + 5 = ☐

3 + 4 = ☐

4 + ☐ = ☐

☐ + ☐ = ☐

☐ + ☐ = ☐

1 Finde verschiedene Zerlegungen der Zahl 7. Male an.

○○○○○ ○○○○○   ○○○○○ ○○○○○

__ + __ = 7   __ + __ = 7

○○○○○ ○○○○○   ○○○○○ ○○○○○

__ + __ = 7   __ + __ = 7

2 Finde verschiedene Zerlegungen der Zahl 9. Male an.

○○○○○ ○○○○○   ○○○○○ ○○○○○

__ + __ = 9   __ + __ = 9

○○○○○ ○○○○○   ○○○○○ ○○○○○

__ + __ = 9   __ + __ = 9

3 Rechne.

a)	b)	c)
6 + __ = 8	4 + __ = 7	3 + __ = 9
1 + __ = 5	1 + __ = 3	2 + __ = 8
7 + __ = 9	5 + __ = 8	6 + __ = 7
4 + __ = 6	7 + __ = 8	1 + __ = 6

d)	e)	f)
9 = 2 + __	6 = 3 + __	6 = 4 + __
4 = 1 + __	9 = 1 + __	8 = 3 + __
5 = 2 + __	7 = 3 + __	9 = 6 + __
8 = 4 + __	5 = 3 + __	7 = 2 + __

1  Immer 10. Kreuze an.

	–	X	–	–	–	–	–	–	–

2 Wie viel fehlt bis zur 10? Ergänze.

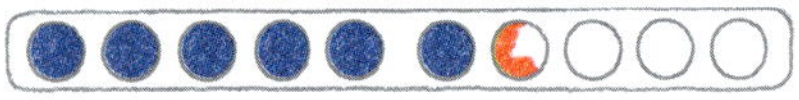

6 + ☐ = 10

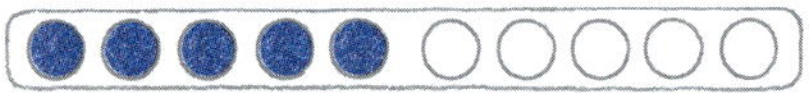

5 + ☐ = 10

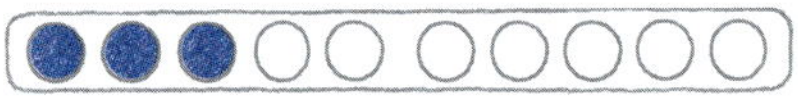

3 + ☐ = 10

8 + ☐ = 10

3 Rechne.

10 = 3 + ☐
10 = 1 + ☐
10 = 8 + ☐

10 = 6 + ☐
10 = 9 + ☐
10 = 2 + ☐

10 = 5 + ☐
10 = 7 + ☐
10 = 4 + ☐

Tigerstark in Mathe!

Das Übungsheft Basiswissen Mathematik 1

Aufgaben zu den grundlegenden Kompetenzen in Klasse 1 in großer Schrift auf besonders übersichtlich gestalteten DIN-A4-Seiten.

Das Übungsheft Basiswissen Mathematik 1

64 S., mit Lösungsheft, Stickerbogen und Beilagen, vierf., Gh
ISBN 978-3-619-15452-4

www.mildenberger-verlag.de/189

Das Förderheft Mathematik 1

Mit dem Förderheft trainieren rechenschwache Kinder erfolgreich Grundlagen: Wahrnehmung und Motorik, Zahlverständnis, Dezimales Stellenwertsystem, Verständnis für Rechenoperationen. Nach dem Grundlagentraining können die Kinder mit dem Übungsheft weiterarbeiten.

Das Förderheft Mathematik 1

64 S., Stickerbogen, 2 Beilagen (kt.)
ISBN 978-3-619-15245-2

www.mildenberger-verlag.de/176

Das Forderheft Mathematik 1

In jeder Klasse gibt es Kinder, die im mathematischen Bereich eine besonders schnelle Auffassungsgabe haben. Für sie ist das Forderheft 1 genau richtig. Neue operative Aufgabenformate und herausfordernde geometrische Aufgaben regen zum Nachdenken an. Interessante Fragestellungen geben vertiefende Einblicke in die Struktur des Zahlenraums und der Rechenoperationen.

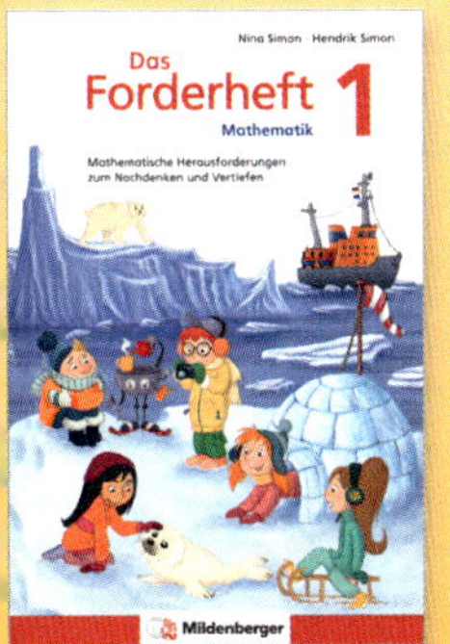

Das Forderheft Mathematik 1

48 S., mit Lösungsheft, Stickerbogen und Beilagen, vierf., Gh
ISBN 978-3-619-15458-6

www.mildenberger-verlag.de/177

Mathetiger – Die Lernsoftware für Mathe Klasse 1 und 2

Mit dem Mathetiger trainieren die Kinder mit Spaß! Das Programm passt den Schwierigkeitsgrad automatisch an. Die bearbeiteten Aufgabenbereiche und die erzielten Leistungen werden automatisch ausgewertet. Dadurch ist eine gezielte Förderung jedes einzelnen Kindes möglich. Die Aufgaben variieren in den Aufgabenstellungen, im Schwierigkeitsgrad und in den mathematischen Themen.

Homeversion, Einzellizenz

Version 2.1
ISBN 978-3-619-15312-1

www.mildenberger-verlag.de/389

Willkommen in Deutschland – Mathematik I

Willkommen in Deutschland – Mathematik I ermöglicht den Kindern aller Herkunftsländer Anschluss an den Mathematikunterricht zu finden. Zusammen mit Heft II deckt es den gesamten Grundschulstoff ab.

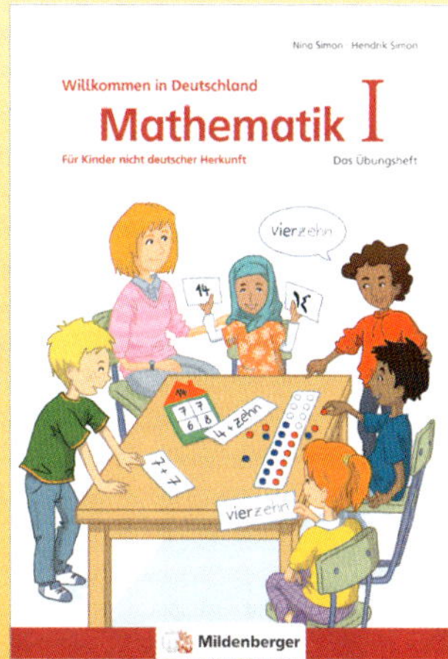

Willkommen in Deutschland – Mathematik I

56 S., mit Lösungsheft, Stickerbogen und Beilagen, vierf., Gh
ISBN 978-3-619-15456-2

www.mildenberger-verlag.de/732

2

3
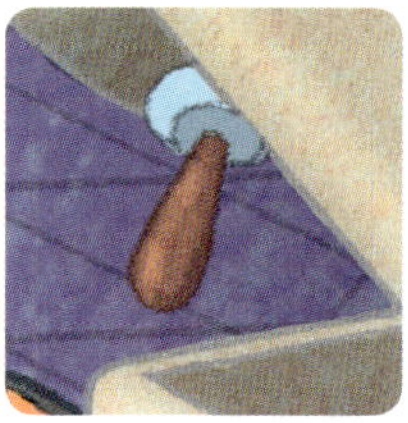
4
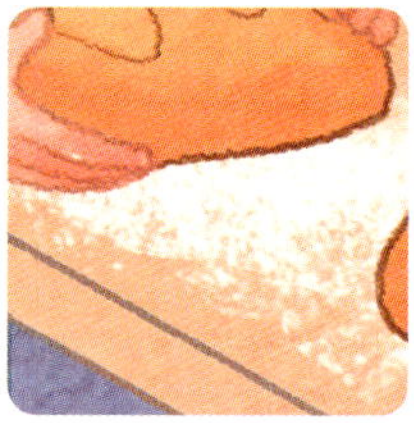
5

6

7

8

9

10
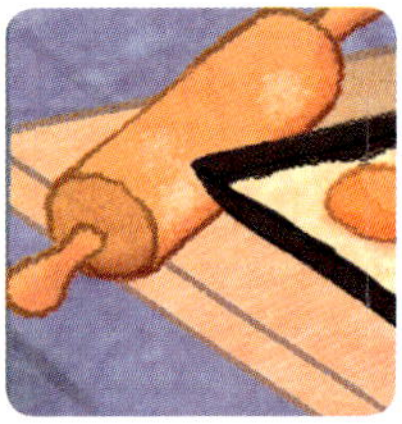
11

12

13

14

15

16

17

18

19

20

21

22
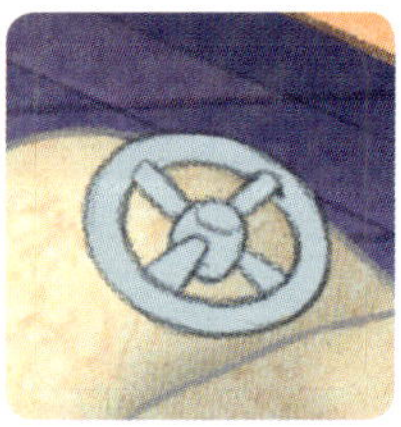
23
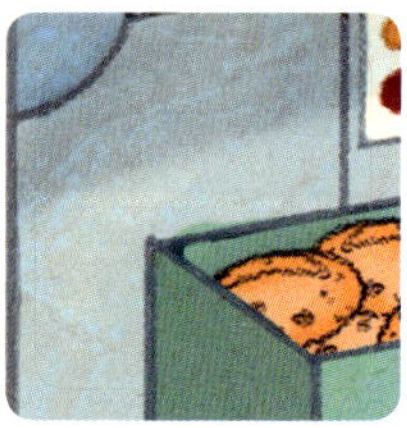
24
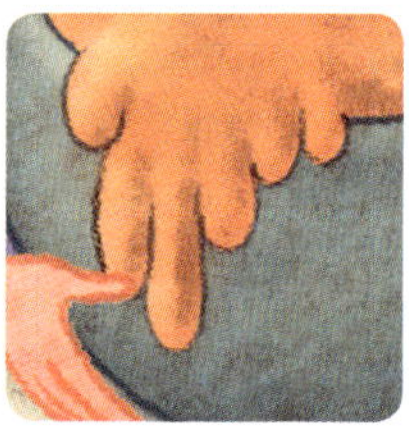
25

26

27
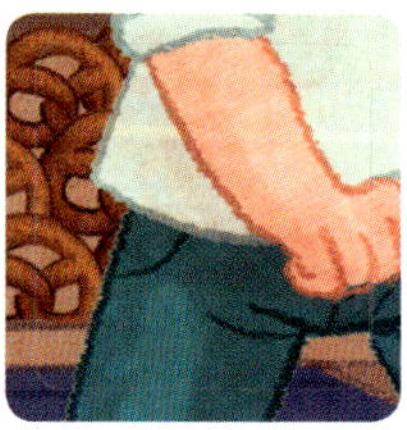
28

29
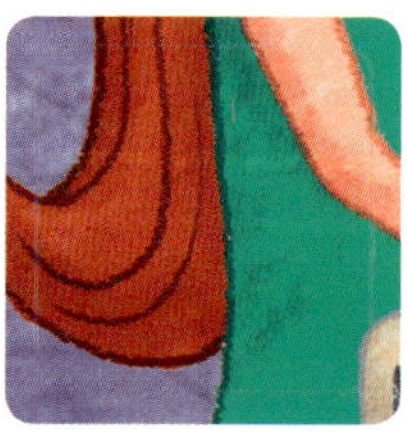

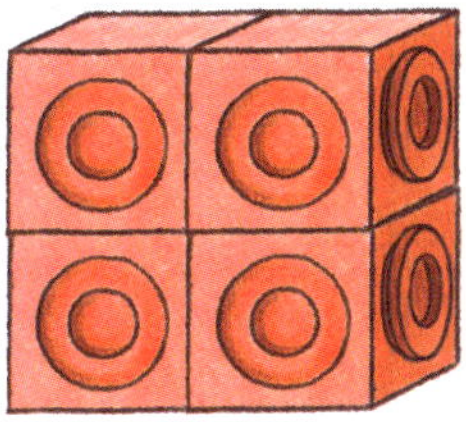
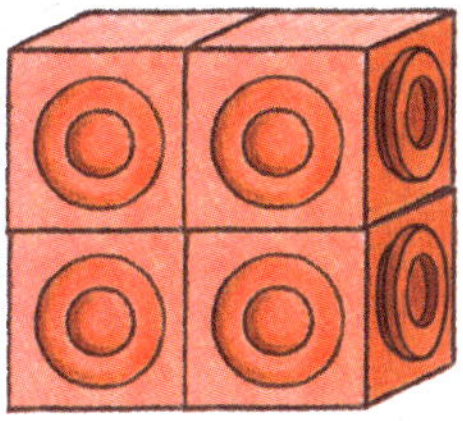

9 + 8 8 + 9	9 + 4 4 + 9
8 + 7 7 + 8	9 + 5 5 + 9
6 + 5 5 + 6	9 + 6 6 + 9
7 + 6 6 + 7	9 + 7 7 + 9
5 + 4 4 + 5	9 + 8 8 + 9
9 + 3 3 + 9	

 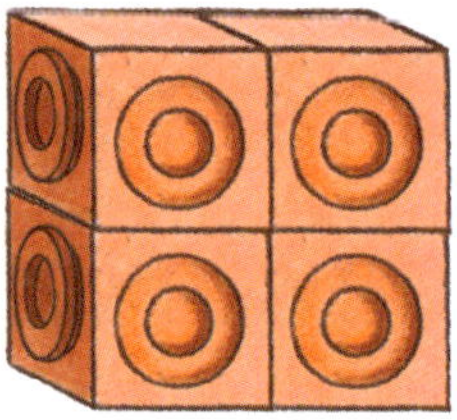  

10 + 4	8 + 8
10 + 5	7 + 7
10 + 6	5 + 5
10 + 7	6 + 6
10 + 8	4 + 4
	10 + 3

Wie viele sind es?

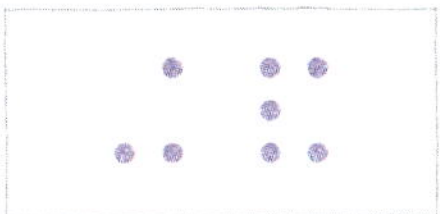

8

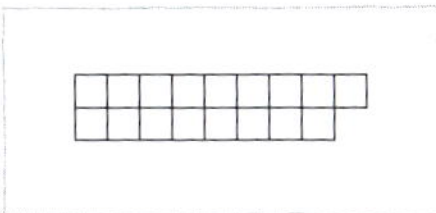

17

19

14

9

12

18

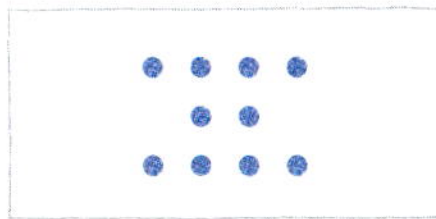

10

Wie viele sind es?

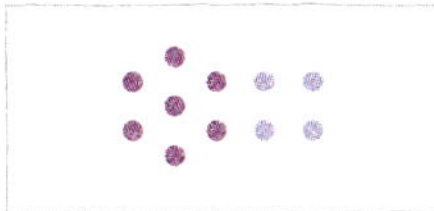

11

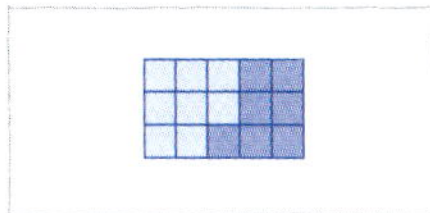

15

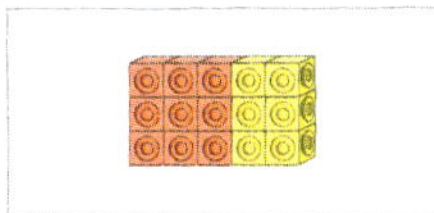

15

13

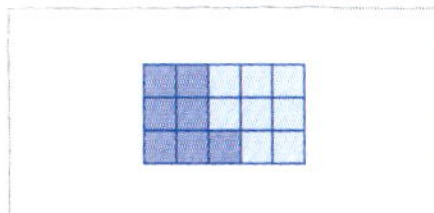

15

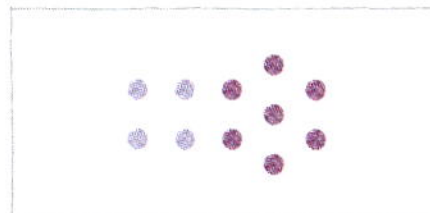

11

12

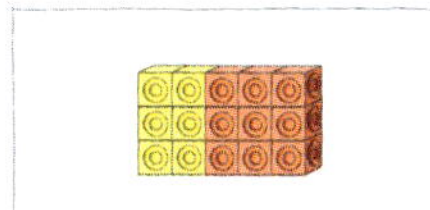

15

Wie viele sind es?

14

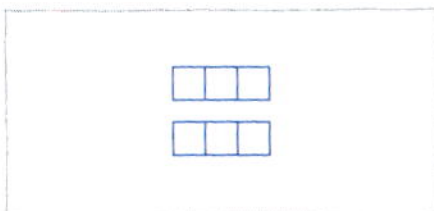

6

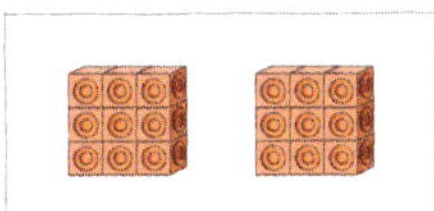

18

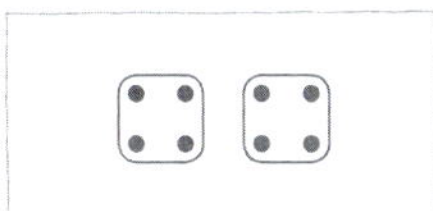

8

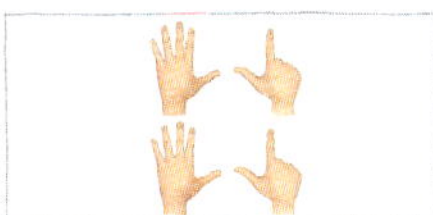

14

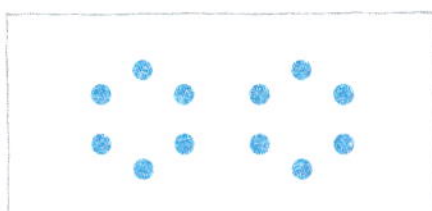

12

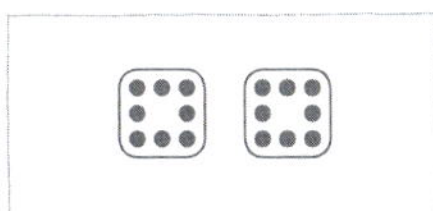

16

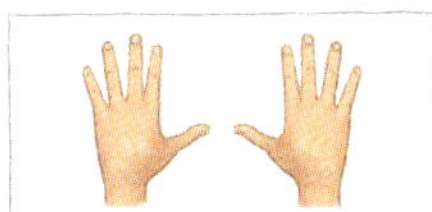

10

Wie viele sind es?

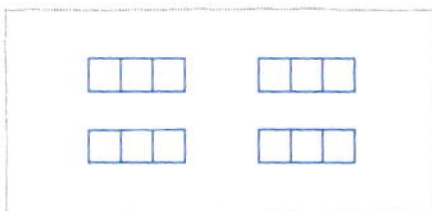

12

18

9

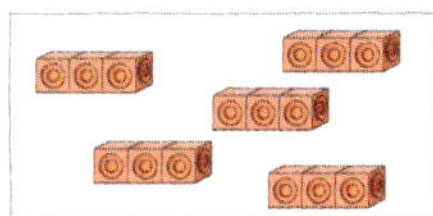

15

6

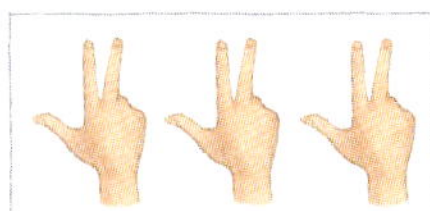

9

12

3

1 Wie viele sind es?

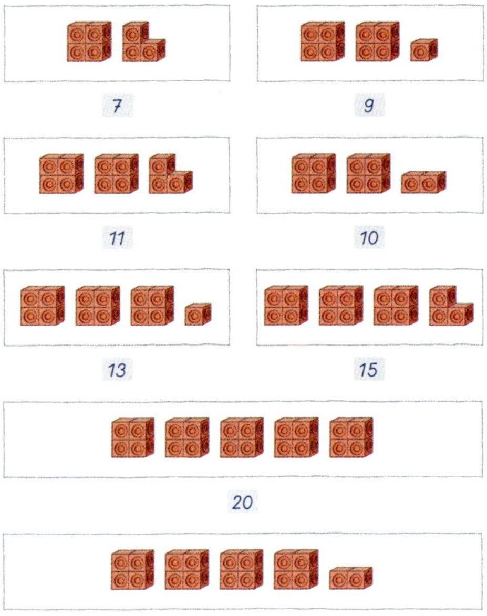

7, 9, 11, 10, 13, 15, 20, 18

1 Lege mit so wenigen Steckwürfel-Kärtchen wie möglich. Zeichne.

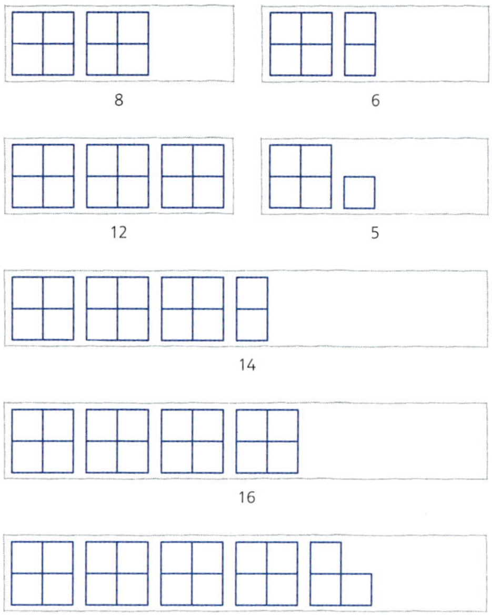

8, 6, 12, 5, 14, 16, 19

1 Wie viele sind es?

a) 8, 9, 10

b) 6, 7, 8

c) 12, 13, 14

d) 17, 18, 19

2 Schreibe zu jeder Zahl den Vorgänger und den Nachfolger auf.

11	12	13	7	8	9	15	16	17
13	14	15	8	9	10	16	17	18
6	7	8	9	10	11			
14	15	16	10	11	12			
5	6	7	18	19	20			

1 Finde zu jedem farbigen Kasten den Vorgänger (V) und den Nachfolger (N). Umrande sie in derselben Farbe wie den dazugehörigen farbigen Kasten.

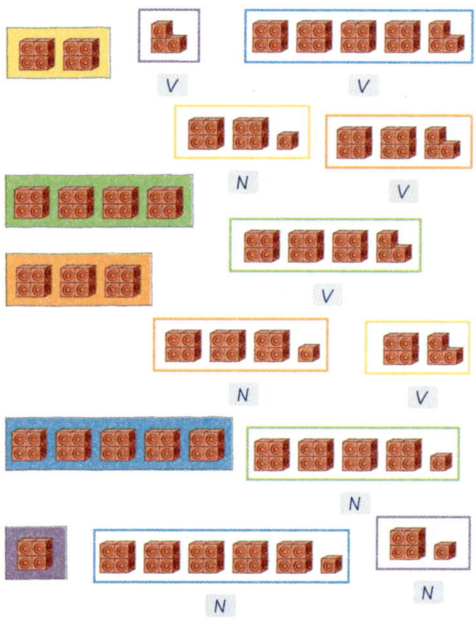

1 Zeichne zu jeder Aufgabe die passende Tauschaufgabe. Rechne.

a)

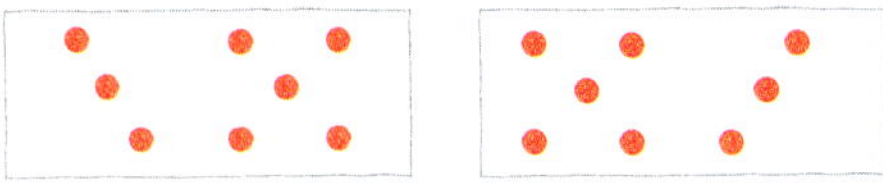

3 + 5 = 8   5 + 3 = 8

b)

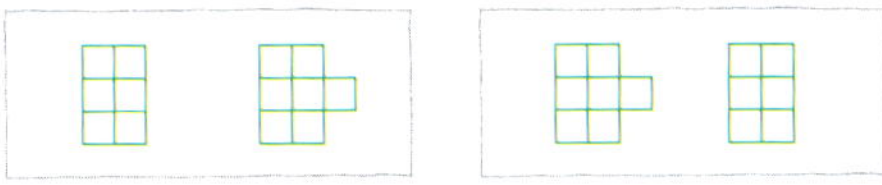

6 + 7 = 13   7 + 6 = 13

* c)

4 + 1 = 5   1 + 4 = 5

** 2 Welche Aufgaben rechnest du zuerst? Kreuze an.

1 + 6 = 7   7 + 2 = 9   1 + 5 = 6
6 + 1 = 7   2 + 7 = 9   5 + 1 = 6

2 + 9 = 11   8 + 1 = 9   2 + 8 = 10
9 + 2 = 11   1 + 8 = 9   8 + 2 = 10

Tauschaufgaben

* Beispiellösung
** Kreuze sind individuell.

1 Male an und rechne.

a) 4 + 2 = 6
4 + 3 = 7
4 + 4 = 8
4 + 5 = 9
4 + 6 = 10

b) 6 + 3 = 9
5 + 3 = 8
4 + 3 = 7
3 + 3 = 6
2 + 3 = 5

c) 3 + 1 = 4
4 + 1 = 5
5 + 1 = 6
6 + 1 = 7
7 + 1 = 8

d) 2 + 8 = 10
2 + 7 = 9
2 + 6 = 8
2 + 5 = 7
2 + 4 = 6

Aufgabenserien (Nachbaraufgaben)

1 Setze fort.

a) 7 = 3 + 4
7 = 4 + 3
7 = 5 + 2
7 = 6 + 1

b) 6 = 2 + 4
6 = 3 + 3
6 = 4 + 2
6 = 5 + 1

c) 9 = 4 + 5
9 = 3 + 6
9 = 2 + 7
9 = 1 + 8

d) 8 = 6 + 2
8 = 5 + 3
8 = 4 + 4
8 = 3 + 5

Aufgabenserien (gegensinniges Ändern)

* 1 Finde verschiedene Zerlegungen der Zahl 7. Male an.

7 = 4 + 3   7 = 1 + 6   7 = 2 + 5

* 2 Finde verschiedene Zerlegungen der Zahl 5. Male an.

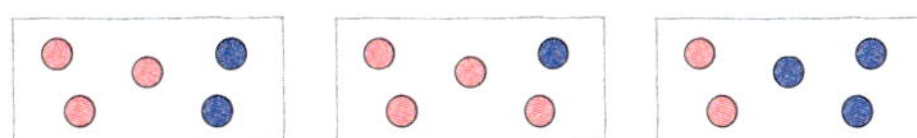

5 = 3 + 2   5 = 4 + 1   5 = 2 + 3

3 Finde verschiedene Zerlegungen der Zahl 4. Zeichne.

4 = 2 + 2   4 = 1 + 3   4 = 3 + 1

* 4 Finde verschiedene Zerlegungen der Zahl.

a) 8 = 4 + 4   b) 9 = 4 + 5   c) 6 = 1 + 5
8 = 3 + 5   9 = 8 + 1   6 = 3 + 3
8 = 1 + 7   9 = 6 + 3   6 = 4 + 2
8 = 6 + 2   9 = 5 + 4   6 = 0 + 6

Zahlzerlegungen

* Beispiellösung: Weitere Zerlegungen sind möglich.

1 Wie viele sind es?

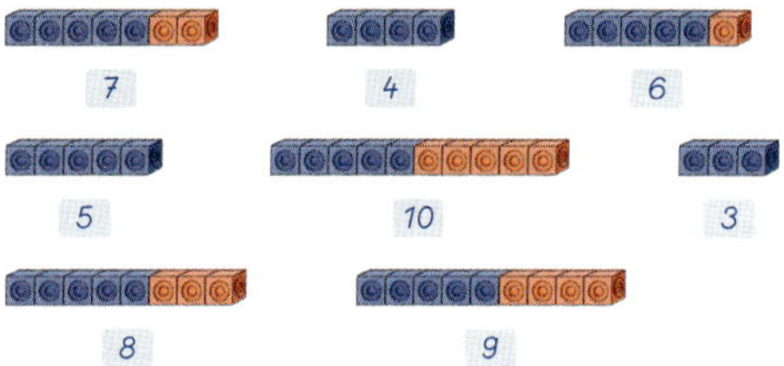

2 Lege nach und zeichne.

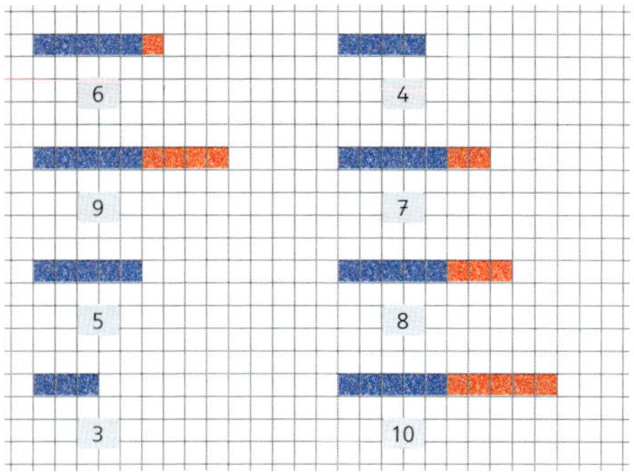

1 Immer 10. Verbinde.

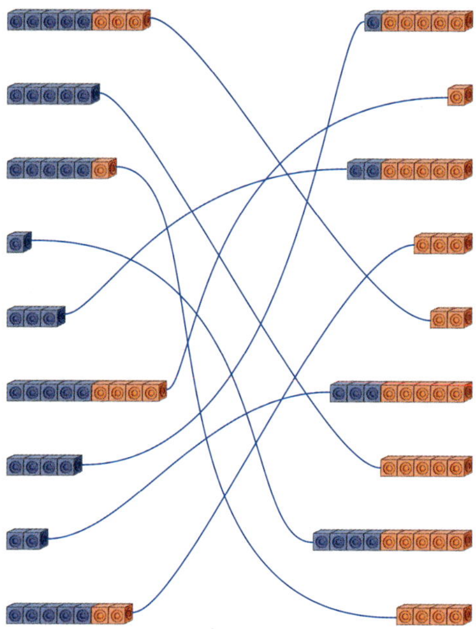

1 Male an und rechne.

a) 3 + 3 = 6
5 + 3 = 8
2 + 5 = 7
6 + 3 = 9

b) 1 + 3 = 4
2 + 4 = 6
6 + 1 = 7
2 + 3 = 5

c) 4 + 4 = 8
6 + 4 = 10
5 + 4 = 9
4 + 3 = 7

d) 2 + 1 = 3
2 + 2 = 4
4 + 3 = 7
1 + 4 = 5

e) 4 + 6 = 10
4 + 2 = 6
6 + 2 = 8
3 + 7 = 10

f) 1 + 2 = 3
3 + 4 = 7
1 + 1 = 2
3 + 2 = 5

g) 3 + 6 = 9
5 + 2 = 7
5 + 5 = 10
3 + 5 = 8

1 Setze fort. Male an.

1	2	3	4	5	6	7	8	9	10	11	12	13	14	15	16

2 Setze die passenden Zahlen in die gelben Felder.

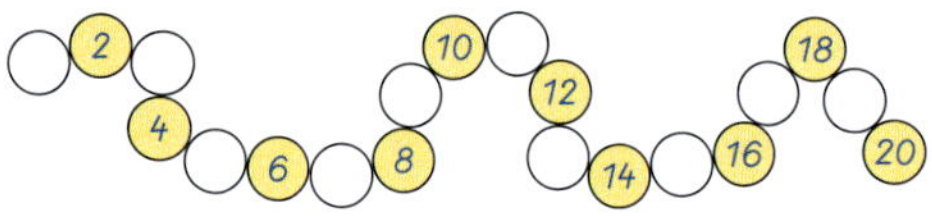

3 Setze fort. Zeichne.

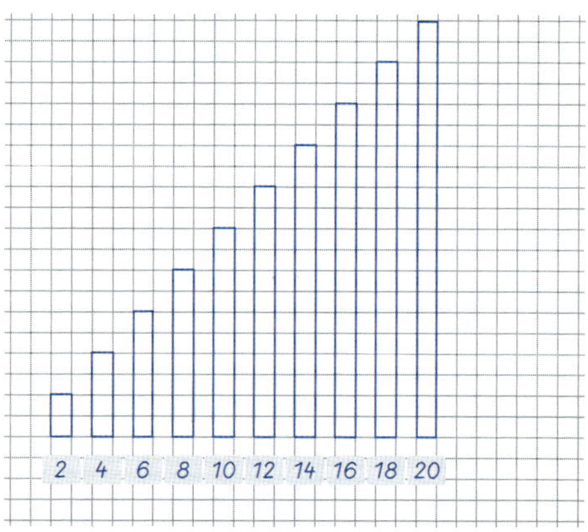

1 Lege mit den Steckwürfel-Kärtchen nach. Rechne.

14 = 7 + 7

10 = 5 + 5

16 = 8 + 8

8 = 4 + 4

18 = 9 + 9

12 = 6 + 6

6 = 3 + 3

20 = 10 + 10

4 = 2 + 2

1 Immer plus 2. Zeichne dazu und rechne.

5 + 2 = 7

13 + 2 = 15

9 + 2 = 11

18 + 2 = 20

12 + 2 = 14

16 + 2 = 18

2 Rechne.

11 + 2 = 13
8 + 2 = 10
14 + 2 = 16

12 + 2 = 14
17 + 2 = 19
7 + 2 = 9

10 + 2 = 12
15 + 2 = 17
13 + 2 = 15

1 Verdopple. Male an und rechne.

4 + 4 = 8

3 + 3 = 6

6 + 6 = 12

10 + 10 = 20

8 + 8 = 16

2 + 2 = 4

9 + 9 = 18

5 + 5 = 10

7 + 7 = 14

10 + 10 = 20

1 Rechne.

a) 3 + 4 = 7
6 + 8 = 14

b) 2 + 3 = 5
4 + 6 = 10

c) 4 + 5 = 9
8 + 10 = 18

d) 5 + 3 = 8
10 + 6 = 16

e) 3 + 2 = 5
6 + 4 = 10

f) 2 + 4 = 6
4 + 8 = 12

g) 4 + 3 = 7
8 + 6 = 14

h) 4 + 2 = 6
8 + 4 = 12

1 Setze fort.

a)
6 + 0 = 6
5 + 1 = 6
4 + 2 = 6
3 + 3 = 6
2 + 4 = 6

b)
5 + 3 = 8
4 + 4 = 8
3 + 5 = 8
2 + 6 = 8
1 + 7 = 8

c)
8 + 2 = 10
7 + 3 = 10
6 + 4 = 10
5 + 5 = 10
4 + 6 = 10

d)
2 + 7 = 9
3 + 6 = 9
4 + 5 = 9
5 + 4 = 9
6 + 3 = 9

e)
2 + 5 = 7
3 + 4 = 7
4 + 3 = 7
5 + 2 = 7
6 + 1 = 7

* **1** Finde verschiedene Zerlegungen der Zahl 7. Male an.

4 + 3 = 7 1 + 6 = 7
6 + 1 = 7 3 + 4 = 7

* **2** Finde verschiedene Zerlegungen der Zahl 9. Male an.

3 + 6 = 9 6 + 3 = 9
7 + 2 = 9 5 + 4 = 9

3 Rechne.

a) 6 + 2 = 8
1 + 4 = 5
7 + 2 = 9
4 + 2 = 6

b) 4 + 3 = 7
1 + 2 = 3
5 + 3 = 8
7 + 1 = 8

c) 3 + 6 = 9
2 + 6 = 8
6 + 1 = 7
1 + 5 = 6

d) 9 = 2 + 7
4 = 1 + 3
5 = 2 + 3
8 = 4 + 4

e) 6 = 3 + 3
9 = 1 + 8
7 = 3 + 4
5 = 3 + 2

f) 6 = 4 + 2
8 = 3 + 5
9 = 6 + 3
7 = 2 + 5

*** Beispiellösungen: Andere Zerlegungen sind möglich.**

1 Immer 10. Kreuze an.

	–	X	–	–	–	–	–	–	–
	–	–	–	X	–	–	–	–	–
	–	–	–	–	–	–	X	–	–
	–	–	–	–	X	–	–	–	–
	–	–	–	–	–	X	–	–	–
	–	–	X	–	–	–	–	–	–
	–	–	–	–	–	–	–	X	–
	X	–	–	–	–	–	–	–	–

2 Wie viel fehlt bis zur 10? Ergänze.

6 + 4 = 10 5 + 5 = 10
3 + 7 = 10 8 + 2 = 10

3 Rechne.

10 = 3 + 7 10 = 6 + 4 10 = 5 + 5
10 = 1 + 9 10 = 9 + 1 10 = 7 + 3
10 = 8 + 2 10 = 2 + 8 10 = 4 + 6

1 Kreise das passende Zerlegungshaus ein. Male an und rechne.

a)
8 + 5 = 13
8 + 2 + 3 = 13

Zerlegungshäuser: 5: 3 + 2 | 5: 1 + 4 | 5: 2 + 3 (eingekreist) | 5: 4 + 1

b)
6 + 7 = 13
6 + 4 + 3 = 13

Zerlegungshäuser: 7: 2 + 5 | 7: 4 + 3 (eingekreist) | 7: 6 + 1 | 7: 5 + 2

c)
5 + 9 = 14
5 + 5 + 4 = 14

Zerlegungshäuser: 9: 6 + 3 | 9: 7 + 2 | 9: 4 + 5 | 9: 5 + 4 (eingekreist)

d)
7 + 8 = 15
7 + 3 + 5 = 15

Zerlegungshäuser: 8: 2 + 6 | 8: 3 + 5 (eingekreist) | 8: 4 + 4 | 8: 7 + 1

1 Finde zu jeder Aufgabe das passende Zerlegungshaus. Male es in der richtigen Farbe an. Rechne.

9: 6 + 3 | 6: 3 + 3 | 6: 2 + 4 | 9: 2 + 7 | 7: 2 + 5 | 4: 1 + 3

8 + 6 = 14
8 + 2 + 4 = 14

4 + 9 = 13
4 + 6 + 3 = 13

7 + 6 = 13
7 + 3 + 3 = 13

9 + 4 = 13
9 + 1 + 3 = 13

8 + 7 = 15
8 + 2 + 5 = 15

8 + 9 = 17
8 + 2 + 7 = 17

2 Rechne.

a) 6 + 8 = 14
6 + 4 + 4 = 14

b) 9 + 9 = 18
9 + 1 + 8 = 18

c) 7 + 9 = 16
7 + 3 + 6 = 16

d) 8 + 8 = 16
8 + 2 + 6 = 16

e) 5 + 8 = 13
5 + 5 + 3 = 13

f) 6 + 9 = 15
6 + 4 + 5 = 15

1 Finde zu jedem farbigen Kärtchen die passende Aufgabe mit dem gleichen Ergebnis. Male an und rechne.

9 + 6 = 15 | 10 + 7 = 17
10 + 7 = 17 | 8 + 6 = 14
8 + 7 = 15 | 10 + 5 = 15
10 + 6 = 16 | 8 + 5 = 13
9 + 7 = 16 | 10 + 4 = 14
10 + 3 = 13 | 8 + 9 = 17
9 + 8 = 17 | 10 + 5 = 15
10 + 6 = 16 | 8 + 8 = 16

2 Beide Aufgaben sollen immer das gleiche Ergebnis haben. Rechne.

a) 9 + 9 = 18
10 + 8 = 18

b) 9 + 7 = 16
10 + 6 = 16

c) 8 + 7 = 15
10 + 5 = 15

d) 8 + 6 = 14
10 + 4 = 14

e) 9 + 5 = 14
10 + 4 = 14

f) 8 + 5 = 13
10 + 3 = 13

g) 9 + 8 = 17
10 + 7 = 17

h) 8 + 8 = 16
10 + 6 = 16

1 Verdopple.

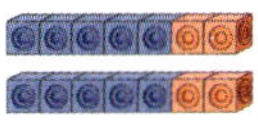
7 + 7 = 14

3 + 3 = 6

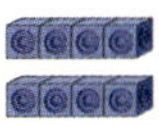
4 + 4 = 8

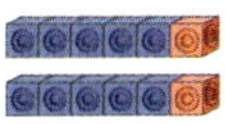
6 + 6 = 12

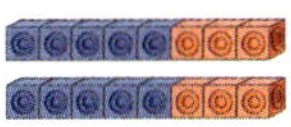
8 + 8 = 16

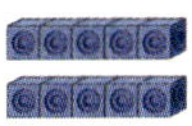
5 + 5 = 10

2 + 2 = 4

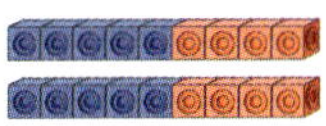
9 + 9 = 18

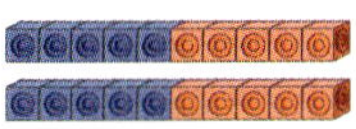
10 + 10 = 20

1 + 1 = 2

1 Lege die Aufgaben mit den Steckwürfel-Kärtchen nach. Rechne.

a) 8 + 4 = 12
8 + 5 = 13
8 + 6 = 14
8 + 7 = 15
8 + 8 = 16

b) 5 + 5 = 10
6 + 5 = 11
7 + 5 = 12
8 + 5 = 13
9 + 5 = 14

c) 9 + 3 = 12
8 + 3 = 11
7 + 3 = 10
6 + 3 = 9
5 + 3 = 8

d) 6 + 9 = 15
6 + 8 = 14
6 + 7 = 13
6 + 6 = 12
6 + 5 = 11

e) 9 + 5 = 14
9 + 6 = 15
9 + 7 = 16
9 + 8 = 17
9 + 9 = 18

f) 4 + 9 = 13
4 + 8 = 12
4 + 7 = 11
4 + 6 = 10
4 + 5 = 9

g) 8 + 7 = 15
7 + 7 = 14
6 + 7 = 13
5 + 7 = 12
4 + 7 = 11

1 Lege die Aufgaben mit den Steckwürfel-Kärtchen nach. Rechne.

a) 7 + 5 = 12
6 + 6 = 12
5 + 7 = 12
4 + 8 = 12
3 + 9 = 12

b) 4 + 9 = 13
5 + 8 = 13
6 + 7 = 13
7 + 6 = 13
8 + 5 = 13

c) 9 + 6 = 15
8 + 7 = 15
7 + 8 = 15
6 + 9 = 15
5 + 10 = 15

d) 10 + 8 = 18
9 + 7 = 16
8 + 6 = 14
7 + 5 = 12
6 + 4 = 10

e) 1 + 9 = 10
2 + 8 = 10
3 + 7 = 10
4 + 6 = 10
5 + 5 = 10

f) 8 + 3 = 11
7 + 4 = 11
6 + 5 = 11
5 + 6 = 11
4 + 7 = 11

g) 5 + 9 = 14
6 + 8 = 14
7 + 7 = 14
8 + 6 = 14
9 + 5 = 14

1 Male an und rechne.

a) 5 + 6 = 11
5 + 7 = 12

b) 8 + 8 = 16
8 + 7 = 15

c) 4 + 5 = 9
5 + 5 = 10

d) 10 + 5 = 15
9 + 5 = 14

2 Ergänze die Würfelbilder und rechne.

a) 7 + 8 = 15
7 + 9 = 16

b) 5 + 6 = 11
5 + 5 = 10

c) 4 + 7 = 11
4 + 6 = 10

d) 3 + 8 = 11
3 + 9 = 12

e) 3 + 6 = 9
4 + 6 = 10

f) 9 + 8 = 17
9 + 9 = 18

1 Rechne. Die ausgerechnete Aufgabe hilft dir.

10 + 6 = 16
9 + 6 = 15

8 + 7 = 15
8 + 8 = 16

10 + 4 = 14
8 + 4 = 12

6 + 5 = 11
5 + 5 = 10

7 + 7 = 14
6 + 7 = 13

9 + 8 = 17
10 + 8 = 18

10 + 3 = 13
9 + 3 = 12

3 + 4 = 7
4 + 4 = 8

8 + 8 = 16
9 + 8 = 17

* **2** Kreuze in jedem Aufgabenpaar die einfachere Aufgabe an. Rechne sie zuerst.

9 + 5 = 14
10 + 5 = 15 ✕

7 + 7 = 14
7 + 6 = 13

9 + 9 = 18
9 + 8 = 17

10 + 4 = 14
9 + 4 = 13

7 + 8 = 15
8 + 8 = 16

9 + 7 = 16
10 + 7 = 17

10 + 5 = 15
8 + 5 = 13

6 + 9 = 15
6 + 10 = 16

8 + 7 = 15
10 + 7 = 17

10 + 6 = 16
8 + 6 = 14

* Kreuze sind individuell.

* **1** Mit welcher einfachen Aufgabe rechnest du die Aufgaben in den farbigen Kästen? Verbinde. Du kannst die einfachen Aufgaben auch mehrfach nutzen.

9 + 6 = 15
8 + 6 = 14
6 + 8 = 14
9 + 7 = 16
9 + 5 = 14

10 + 7 = 17
8 + 8 = 16
10 + 8 = 18
5 + 5 = 10
9 + 9 = 18
10 + 5 = 15
7 + 7 = 14
6 + 6 = 12
10 + 6 = 16

7 + 6 = 13
6 + 5 = 11
8 + 7 = 15
6 + 7 = 13
8 + 9 = 17

** **2** Finde zu jeder einfachen Aufgabe eine passende schwierige Aufgabe. Rechne beide Aufgaben aus.

8 + 8 = 16
9 + 8 = 17

10 + 7 = 17
9 + 7 = 16

6 + 6 = 12
5 + 6 = 11

10 + 6 = 16
9 + 6 = 15

7 + 7 = 14
7 + 6 = 13

10 + 9 = 19
9 + 9 = 18

4 + 4 = 8
4 + 5 = 9

10 + 8 = 18
9 + 8 = 17

5 + 5 = 10
4 + 5 = 9

* Beispiellösung: Andere Verbindungen sind möglich.
** Beispiellösung: Andere Aufgaben sind möglich.

* 1 Fülle die Tabelle aus.

Vorderseite	Rückseite	Darstellung Rechenweg	Ergebnis Vorderseite
9 + 8 8 + 9	8 + 8		17
7 + 6 6 + 7	6 + 6		13
9 + 4 4 + 9	10 + 4		13
9 + 6 6 + 9	10 + 6		15
8 + 7 7 + 8	7 + 7		15
9 + 3 3 + 9	10 + 3		12
9 + 7 7 + 9	10 + 7		16
9 + 8 8 + 9	10 + 8		17
5 + 4 4 + 5	4 + 4		9
9 + 5 5 + 9	10 + 5		14
6 + 5 5 + 6	5 + 5		11

2 Übe mit deinen Wendekärtchen und kreuze danach an.

Ich habe mit meinen Wendekärtchen geübt.

* Die Darstellung des Rechenwegs ist individuell.

1 Zeichne den Pfeil ein und rechne.

a) 8 + 6 = 14
7 + 7 = 14

b) 5 + 3 = 8
4 + 4 = 8

c) 7 + 5 = 12
6 + 6 = 12

d) 9 + 7 = 16
8 + 8 = 16

e) 6 + 4 = 10
5 + 5 = 10

f) 9 + 5 = 14
7 + 7 = 14

2 Übe mit deinen Wendekärtchen und kreuze danach an.

Ich habe mit meinen Wendekärtchen geübt.

1 Male an und rechne.

a) 10 3 — 7 + 6 = 13

b) 10 7 — 8 + 9 = 17

c) 10 2 — 6 + 6 = 12

d) 10 6 — 7 + 9 = 16

e) 10 4 — 7 + 7 = 14

f) 10 4 — 8 + 6 = 14

g) 10 8 — 9 + 9 = 18

h) 10 3 — 5 + 8 = 13

1 Male an und rechne. Verschiebe bei Aufgaben mit „4" ein Kästchen.

a) 10 1 — 4 + 7 = 11

b) 10 5 — 8 + 7 = 15

c) 10 2 — 4 + 8 = 12

d) 10 3 — 8 + 5 = 13

e) 10 2 — 5 + 7 = 12

f) 10 3 — 9 + 4 = 13

g) 10 4 — 6 + 8 = 14

h) 10 0 — 6 + 4 = 10

1 Finde zu jeder Steckwürfelanordnung verschiedene Aufgaben. Zeichne die Trennlinie ein.

a)

8 + 3 = 11 4 + 7 = 11

b)

7 + 5 = 12 4 + 8 = 12

8 + 4 = 12

c)

8 + 7 = 15 4 + 11 = 15

10 + 5 = 15 11 + 4 = 15

2 Übe mit deinen Wendekärtchen und kreuze danach an.

Ich habe mit meinen Wendekärtchen geübt.

1 Wie viele sind es?

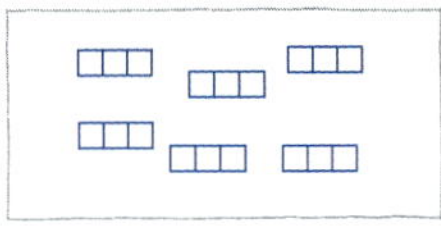

18

15

12

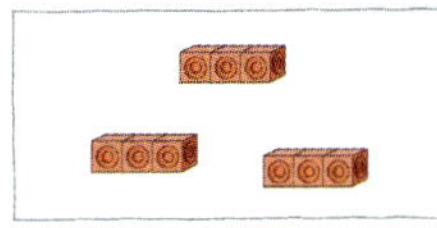

9

18

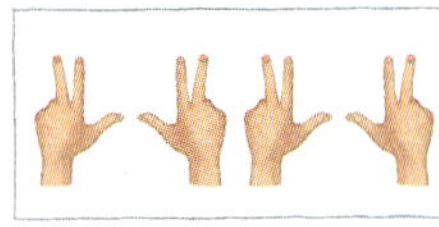

12

15

6

1 Schreibe zu jedem Bild die passende Aufgabe. Rechne.

9 + 3 = 12

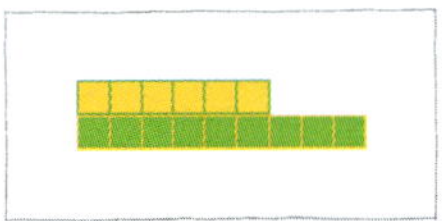

6 + 9 = 15

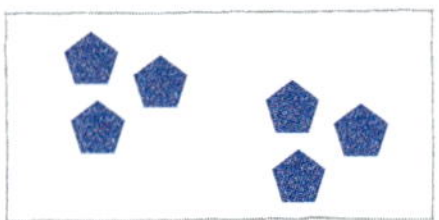

3 + 3 = 6

3 + 6 = 9

* 2 Zeichne zu jeder Aufgabe ein passendes Bild. Rechne.

12 + 3 = 15

6 + 6 = 12

3 Übe mit deinen Wendekärtchen und kreuze danach an.

Ich habe mit meinen Wendekärtchen geübt.

*** Beispiellösung: Andere Darstellungsformen sind möglich.**

1 Lege mit möglichst wenigen Steckwürfel-Kärtchen. Zeichne und rechne.

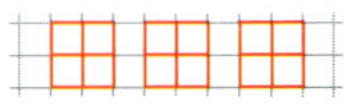

4 + 8 = 12

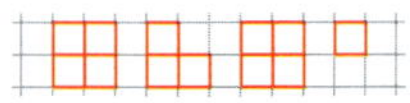

7 + 5 = 12

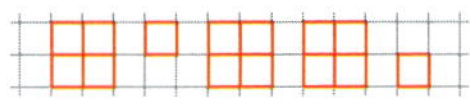

5 + 9 = 14

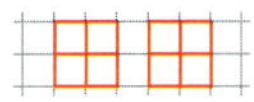

4 + 4 = 8

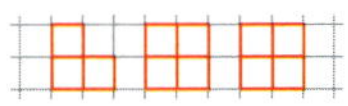

3 + 8 = 11

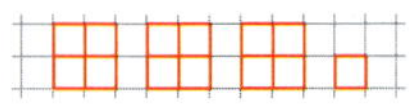

4 + 9 = 13

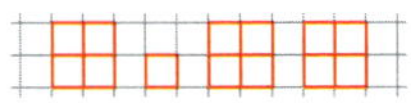

5 + 8 = 13

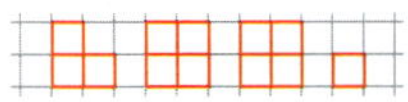

3 + 9 = 12

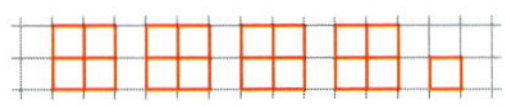

8 + 9 = 17

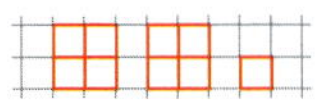

4 + 5 = 9

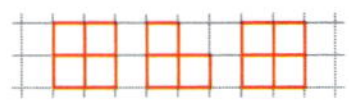

7 + 4 = 11

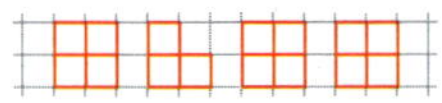

7 + 8 = 15

1 Ergänze.

7 + 5 = 12

4 + 9 = 13

6 + 9 = 15

9 + 8 = 17

8 + 3 = 11

7 + 9 = 16

9 + 6 = 15

8 + 6 = 14

7 + 6 = 13

6 + 6 = 12

4 + 7 = 11

1 Ergänze.

8 + 6 = 14	6 + 7 = 13	9 + 5 = 14
8 + 7 = 15	6 + 6 = 12	9 + 4 = 13
7 + 5 = 12	3 + 9 = 12	5 + 8 = 13
7 + 4 = 11	3 + 10 = 13	5 + 9 = 14
9 + 6 = 15	8 + 10 = 18	7 + 10 = 17
9 + 7 = 16	8 + 9 = 17	7 + 9 = 16

2 Ergänze.

a)	b)	c)
8 + 4 = 12	4 + 7 = 11	3 + 9 = 12
8 + 6 = 14	5 + 8 = 13	7 + 4 = 11
9 + 5 = 14	9 + 9 = 18	8 + 8 = 16
3 + 8 = 11	4 + 6 = 10	8 + 7 = 15
6 + 7 = 13	9 + 8 = 17	7 + 5 = 12

3 Übe mit deinen Wendekärtchen und kreuze danach an.

Ich habe mit meinen Wendekärtchen geübt.

1 Male an, streiche durch und rechne.

13 – 5 = 8

11 – 3 = 8

14 – 7 = 7

12 – 8 = 4

16 – 9 = 7

13 – 4 = 9

15 – 8 = 7

13 – 9 = 4

16 – 7 = 9

11 – 6 = 5

12 – 5 = 7

1 Rechne die fehlenden Zahlen aus.

Teil	Teil	Ganzes
4	7	11
5	8	13
3	8	11
8	4	12
3	9	12
6	7	13
9	8	17
7	2	9
6	6	12
7	5	12

2 Übe mit deinen Wendekärtchen und kreuze danach an.

Ich habe mit meinen Wendekärtchen geübt.

1 Rechne. Schreibe die passenden Zahlen in die grauen Kästchen.

8 + [9] = 17

acht + [3] = 11

[6] + fünf = 11

3 + [10] = 13

[5] + [7] = 12

[6] + 7 = 15

fünf + 8 = dreizehn

7 + [5] = 12

6 + [9] = 15

[9] + vier = 13

1 + zehn = 11

[9] + 5 = 14

sieben + [7] = 14

5 + acht = 13

1 Rechne.

Zahlenmauer	Stein oben	2. Reihe	3. Reihe	4. Reihe
1	8	5, 3	4, 1, 2	
2	14	8, 6	2, 6, 0	
3	13	4, 9	2, 2, 7	
4	16	9, 7	6, 3, 4	
5	11	7, 4	6, 1, 3	
6	12	4, 8	0, 4, 4	
7	25	13, 12	6, 7, 5	3, 3, 4, 1
8	29	14, 15	7, 7, 8	3, 4, 3, 5
9	29	15, 14	10, 5, 9	7, 3, 2, 7
10	31	16, 15	7, 9, 6	2, 5, 4, 2

* 1 Wie löst du die Aufgabe? Kreuze an und rechne.

auswendig | mit den Fingern | Nachbaraufgabe | Tauschaufgabe | 10 Zehnertrick | ANDERS anders

a) 5 + 3 = 8

b) 7 + 6 = 13

c) 6 + 10 = 16

d) 8 + 9 = 17

e) 9 + 6 = 15

f) 5 + 8 = 13

g) 7 + 7 = 14

h) 8 + 4 = 12

*** Rechenstrategien (Kreuze) sind individuell.**

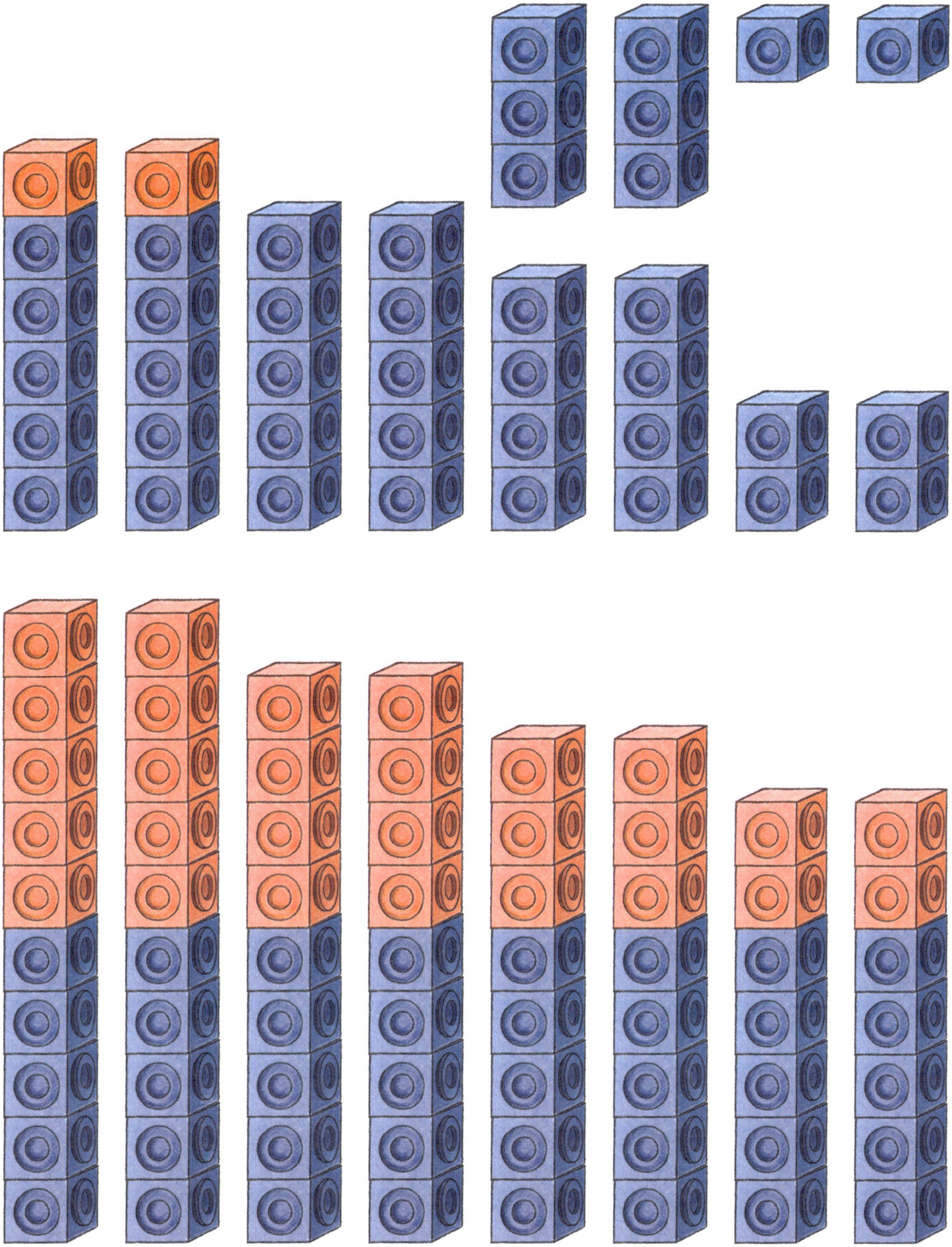

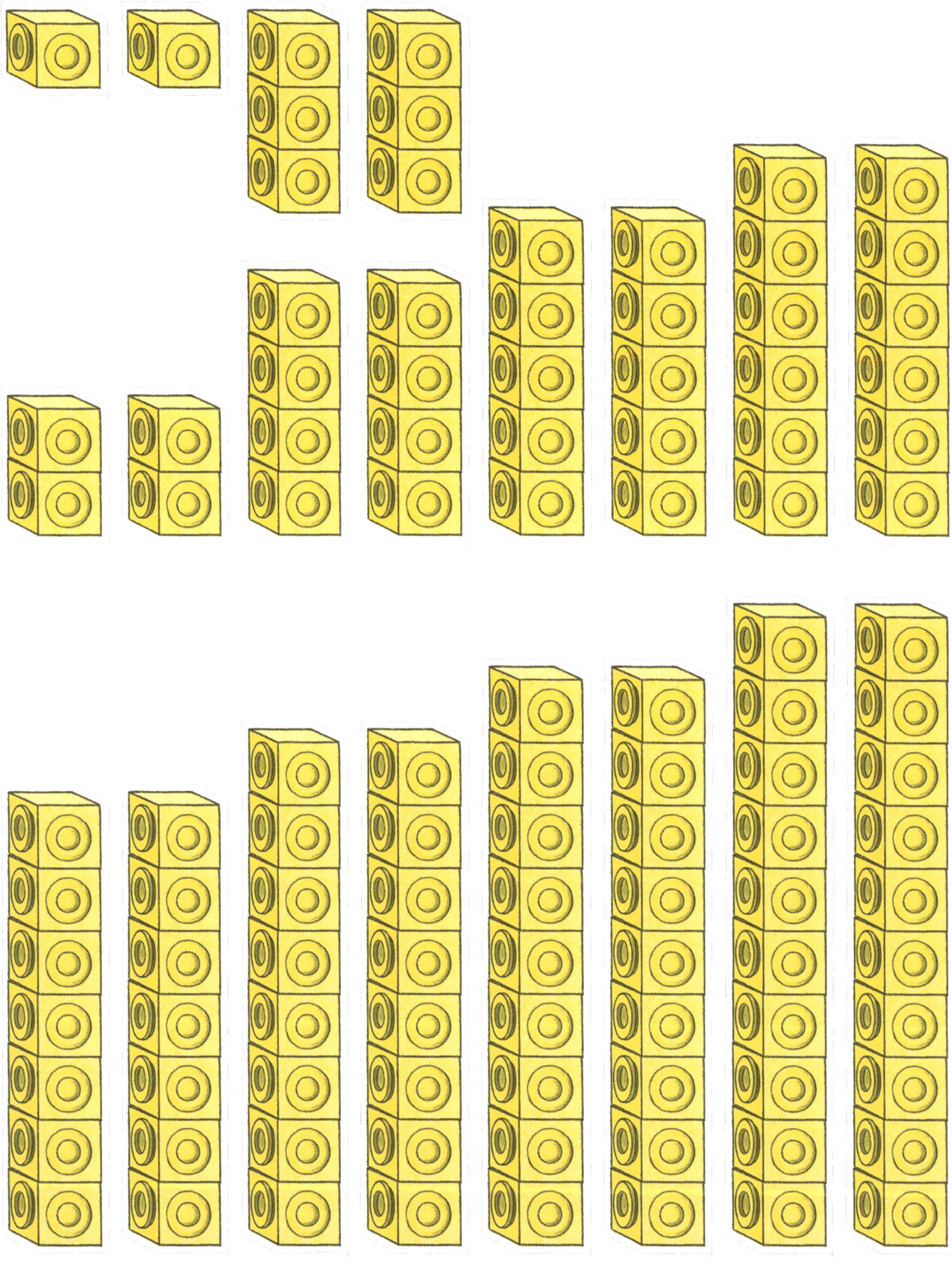

30

31

32

33

34

35

36

37

38

39

40
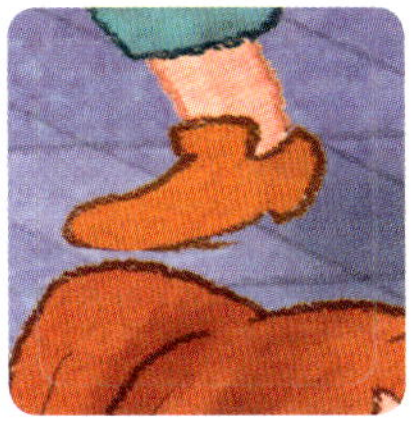

41

42

43

44

45

46

47

48

Mit diesem Heft übt: ______________________

Mit diesem Heft übt: ______________________

Mit diesem Heft übt: ______________________

Mit diesem Heft übt: ______________________

Silbierte Texte für Erstleser

Mats, Mila und Molli

6 Geschichten für Erstleser in 3 Schwierigkeitsstufen

Sparpaket, Heft 1 – 6, Schwierigkeitsstufe A

Print	ISBN 978-3-619-01910-6
Digital-Lizenz	ISBN 978-3-619-92154-6
Print & Digital	ISBN 978-3-619-92452-3

Sparpaket, Heft 1 – 6, Schwierigkeitsstufe B

Print	ISBN 978-3-619-01920-5
Digital-Lizenz	ISBN 978-3-619-92155-3
Print & Digital	ISBN 978-3-619-92453-0

Sparpaket, Heft 1 – 6, Schwierigkeitsstufe C

Print	ISBN 978-3-619-01930-4
Digital-Lizenz	ISBN 978-3-619-92150-8
Print & Digital	ISBN 978-3-619-92454-7

Sparpaket „Mats, Mila und Molli" – Komplettbezug, Heft 1 – 6, Schwierigkeitsstufe A, B, C

ISBN 978-3-619-01937-3

Mats, Mila und Molli – Arbeitsblätter zu den 18 Leseheften

Kopiervorlagen zu Heft 1 – 6 der Reihe „Mats, Mila und Molli"

32 S., Gh, s/w, Umschlag 4/1-farbig

Print	ISBN 978-3-619-01938-0
Digital-Lizenz	ISBN 978-3-619-92235-2
Print & Digital	ISBN 978-3-619-92455-4

www.mildenberger-verlag.de/758

Lesestart mit Eberhart

Themenhefte für Erstleser

Jedes Heft: vierf., 14,5 x 13,5 cm, 16 S.

Lesestufe 1 – kurze, einfache Sätze

Mein Hund Oskar	ISBN 978-3-619-04420-7
Die Katze Sisi	ISBN 978-3-619-04421-4
Unser Spielplatz	ISBN 978-3-619-04422-1
Im Streichelzoo	ISBN 978-3-619-04423-8
Mama und ich	ISBN 978-3-619-04424-5
Papa und ich	ISBN 978-3-619-04425-2
Meine Familie	ISBN 978-3-619-04426-9
Lea ist zu Hause	ISBN 978-3-619-04427-6
Wir toben!	ISBN 978-3-619-04428-3
Mein Sport	ISBN 978-3-619-04429-0

Sparpaket Heft 1 bis 10

Print	ISBN 978-3-619-04460-3
Digital-Lizenz	ISBN 978-3-619-92228-4
Print & Digital	ISBN 978-3-619-92468-4

Lesestufe 2 – kurze, erweiterte Sätze

Wald erleben	ISBN 978-3-619-04430-6
Wiese erleben	ISBN 978-3-619-04431-3
Meer erleben	ISBN 978-3-619-04432-0
Berge erleben	ISBN 978-3-619-04433-7
Wo ist Helga?	ISBN 978-3-619-04434-4
Wir backen Kekse	ISBN 978-3-619-04435-1
Das schmeckt mir	ISBN 978-3-619-04436-8
Mein Körper	ISBN 978-3-619-04437-5
Was ich werden kann	ISBN 978-3-619-04438-2
Wie ich sein kann	ISBN 978-3-619-04439-9

Sparpaket Heft 11 bis 20

Print	ISBN 978-3-619-04461-0
Digital-Lizenz	ISBN 978-3-619-92229-1
Print & Digital	ISBN 978-3-619-92469-1

www.mildenberger-verlag.de/321

1 Kreise das passende Zerlegungshaus ein. Male an und rechne.

a) 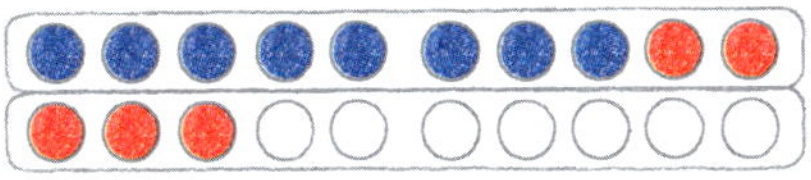

8 + 5 =

8 + 2 + 3 =

5
3 + 2

5
1 + 4

5
2 + 3

5
4 + 1

b) 

6 + 7 =

6 + + =

7
2 + 5

7
4 + 3

7
6 + 1

7
5 + 2

c) 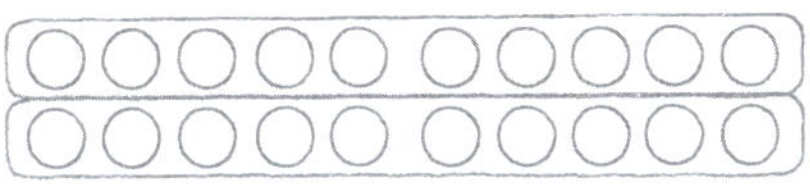

5 + 9 =

5 + + =

9
6 + 3

9
7 + 2

9
4 + 5

9
5 + 4

d) 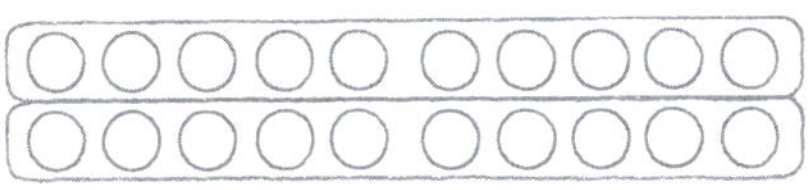

7 + 8 =

7 + + =

8
2 + 6

8
3 + 5

8
4 + 4

8
7 + 1

1 Finde zu jeder Aufgabe das passende Zerlegungshaus.
Male es in der richtigen Farbe an. Rechne.

9	6	6	9	7	4
6 + 3	3 + 3	2 + 4	2 + 7	2 + 5	1 + 3

8 + 6 = ___
8 + 2 + ___ = ___

4 + 9 = ___
4 + ___ + ___ = ___

7 + 6 = ___
7 + ___ + ___ = ___

9 + 4 = ___
9 + ___ + ___ = ___

8 + 7 = ___
8 + ___ + ___ = ___

8 + 9 = ___
8 + ___ + ___ = ___

2 Rechne.

a) 6 + 8 = ___
6 + ___ + ___ = ___

b) 9 + 9 = ___
9 + ___ + ___ = ___

c) 7 + 9 = ___
7 + ___ + ___ = ___

d) 8 + 8 = ___
8 + ___ + ___ = ___

e) 5 + 8 = ___
5 + ___ + ___ = ___

f) 6 + 9 = ___
6 + ___ + ___ = ___

1 Finde zu jedem farbigen Kärtchen die passende Aufgabe mit dem gleichen Ergebnis. Male an und rechne.

9 + 6 =

10 + 7 =

10 + 7 =

8 + 6 =

8 + 7 =

10 + 5 =

10 + 6 =

8 + 5 =

9 + 7 =

10 + 4 =

10 + 3 =

8 + 9 =

9 + 8 =

10 + 5 =

10 + 6 =

8 + 8 =

2 Beide Aufgaben sollen immer das gleiche Ergebnis haben. Rechne.

a) 9 + 9 =
10 + ___ =

b) 9 + 7 =
10 + ___ =

c) 8 + 7 =
10 + ___ =

d) 8 + 6 =
10 + ___ =

e) 9 + 5 =
10 + ___ =

f) 8 + 5 =
10 + ___ =

g) 9 + 8 =
10 + ___ =

h) 8 + 8 =
10 + ___ =

1 Verdopple.

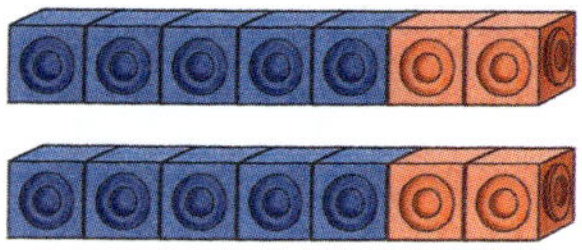

7 + 7 =

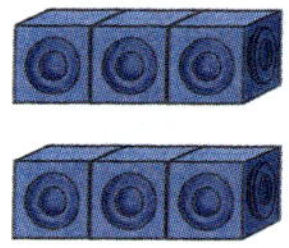

3 + =

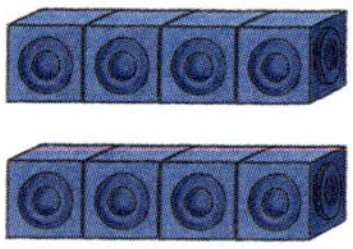

\+ =

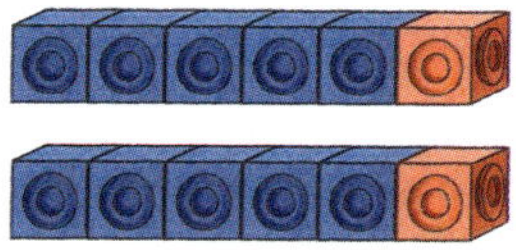

\+ =

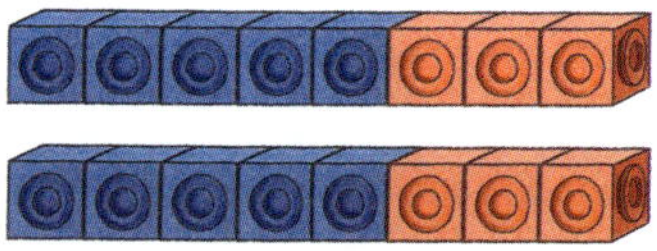

\+ =

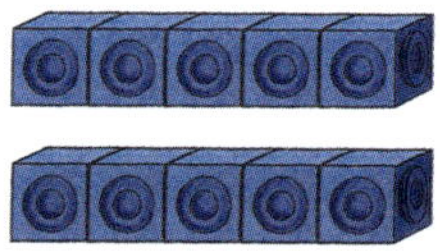

\+ =

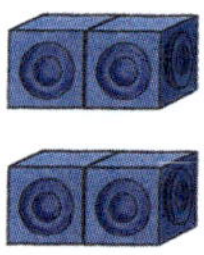

\+ =

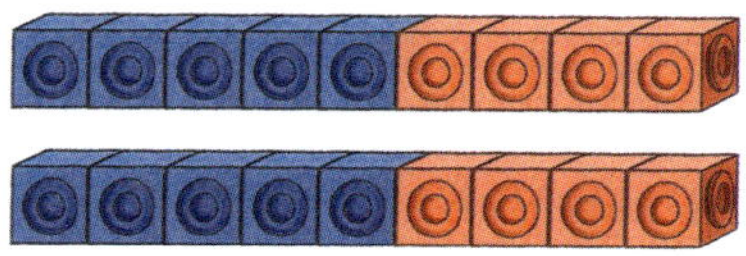

\+ =

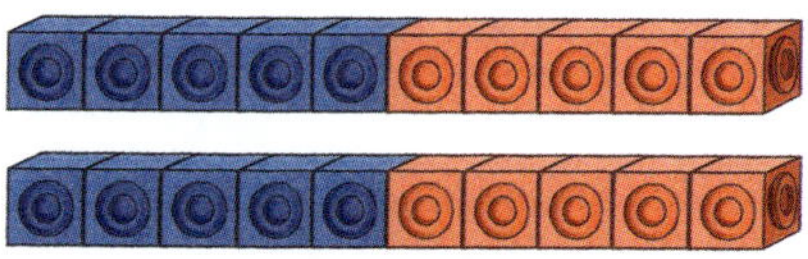

\+ =

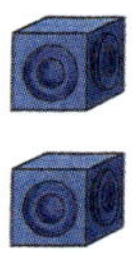

\+ =

1 Lege die Aufgaben mit den Steckwürfel-Kärtchen nach. Rechne.

a) 8 + 4 =
8 + 5 =
8 + 6 =
8 + 7 =
8 + 8 =

b) 5 + 5 =
6 + 5 =
7 + 5 =
8 + 5 =
9 + 5 =

c) 9 + 3 =
8 + 3 =
7 + 3 =
6 + 3 =
5 + 3 =

d) 6 + 9 =
6 + 8 =
6 + 7 =
6 + 6 =
6 + 5 =

e) 9 + 5 =
9 + 6 =
9 + 7 =
9 + 8 =
9 + 9 =

f) 4 + 9 =
4 + 8 =
4 + 7 =
4 + 6 =
4 + 5 =

g) 8 + 7 =
7 + 7 =
6 + 7 =
5 + 7 =
4 + 7 =

1  Lege die Aufgaben mit den Steckwürfel-Kärtchen nach. Rechne.

a) 7 + 5 = ☐
6 + 6 = ☐
5 + 7 = ☐
4 + 8 = ☐
3 + 9 = ☐

b) 4 + 9 = ☐
5 + 8 = ☐
6 + 7 = ☐
7 + 6 = ☐
8 + 5 = ☐

c) 9 + 6 = ☐
8 + 7 = ☐
7 + 8 = ☐
6 + 9 = ☐
5 + 10 = ☐

d) 10 + 8 = ☐
9 + 7 = ☐
8 + 6 = ☐
7 + 5 = ☐
6 + 4 = ☐

e) 1 + 9 = ☐
2 + 8 = ☐
3 + 7 = ☐
4 + 6 = ☐
5 + 5 = ☐

f) 8 + 3 = ☐
7 + 4 = ☐
6 + 5 = ☐
5 + 6 = ☐
4 + 7 = ☐

g) 5 + 9 = ☐
6 + 8 = ☐
7 + 7 = ☐
8 + 6 = ☐
9 + 5 = ☐

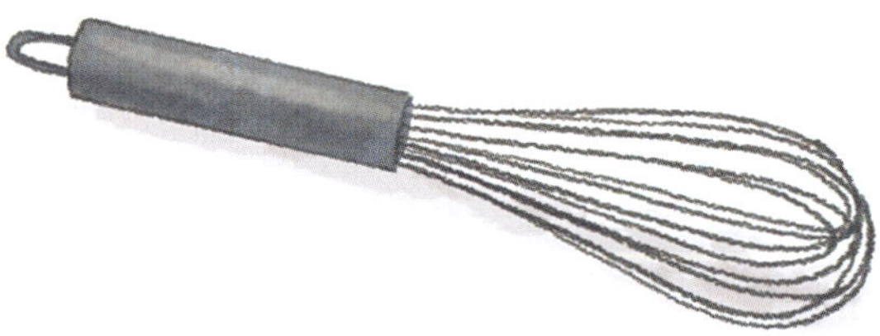

1 Male an und rechne.

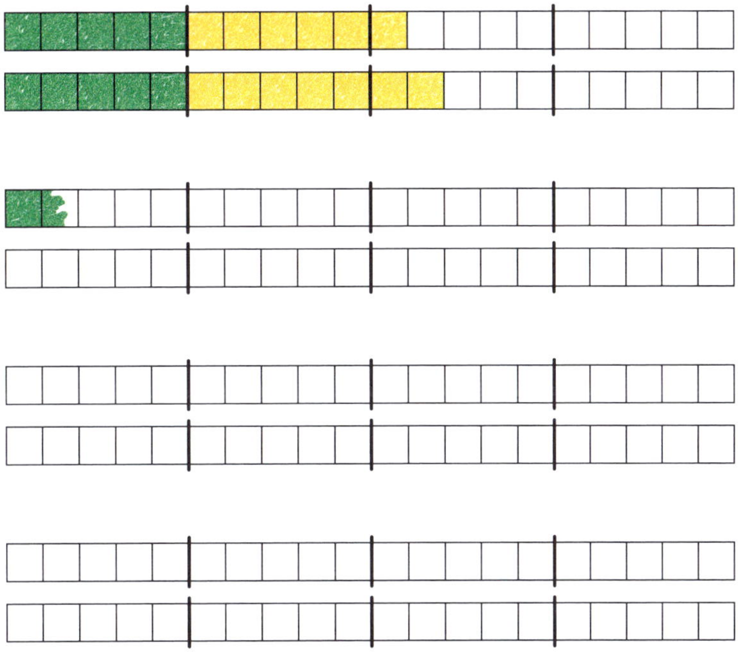

a) 5 + 6 =

5 + 7 =

b) 8 + 8 =

8 + 7 =

c) 4 + 5 =

5 + 5 =

d) 10 + 5 =

9 + 5 =

2 Ergänze die Würfelbilder und rechne.

a) 7 + 8 =

7 + 9 =

b) 5 + 6 =

5 + 5 =

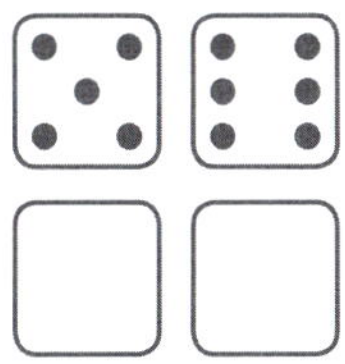

c) 4 + 7 =

4 + 6 =

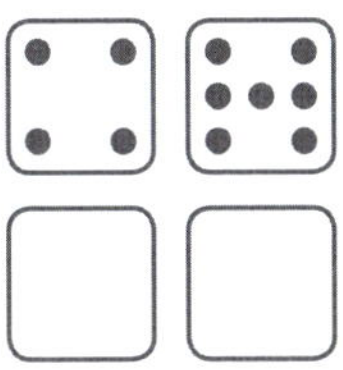

d) 3 + 8 =

3 + 9 =

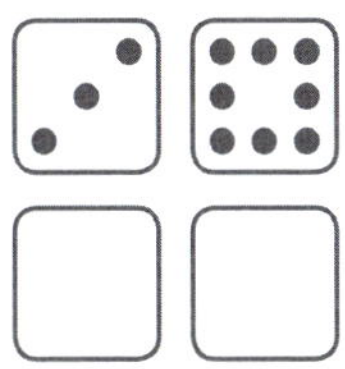

e) 3 + 6 =

4 + 6 =

f) 9 + 8 =

9 + 9 =

1 Rechne. Die ausgerechnete Aufgabe hilft dir.

10 + 6 = 16
9 + 6 =

8 + 7 =
8 + 8 = 16

10 + 4 = 14
8 + 4 =

6 + 5 =
5 + 5 = 10

7 + 7 = 14
6 + 7 =

9 + 8 =
10 + 8 = 18

10 + 3 = 13
9 + 3 =

3 + 4 =
4 + 4 = 8

8 + 8 = 16
9 + 8 =

2 Kreuze in jedem Aufgabenpaar die einfachere Aufgabe an. Rechne sie zuerst.

9 + 5 =
10 + 5 = 15 ✕

7 + 7 =
7 + 6 =

9 + 9 =
9 + 8 =

10 + 4 =
9 + 4 =

7 + 8 =
8 + 8 =

9 + 7 =
10 + 7 =

10 + 5 =
8 + 5 =

6 + 9 =
6 + 10 =

8 + 7 =
10 + 7 =

10 + 6 =
8 + 6 =

1 Mit welcher einfachen Aufgabe rechnest du die Aufgaben in den farbigen Kästen? Verbinde.
Du kannst die einfachen Aufgaben auch mehrfach nutzen.

	10 + 7 = 17	
9 + 6 =	8 + 8 = 16	7 + 6 =
8 + 6 =	10 + 8 = 18	6 + 5 =
	5 + 5 = 10	
6 + 8 =	9 + 9 = 18	8 + 7 =
9 + 7 =	10 + 5 = 15	6 + 7 =
	7 + 7 = 14	
9 + 5 =	6 + 6 = 12	8 + 9 =
	10 + 6 = 16	

2 Finde zu jeder einfachen Aufgabe eine passende schwierige Aufgabe. Rechne beide Aufgaben aus.

8 + 8 =	10 + 7 =	6 + 6 =
_ + _ =	_ + _ =	_ + _ =
10 + 6 =	7 + 7 =	10 + 9 =
_ + _ =	_ + _ =	_ + _ =
4 + 4 =	10 + 8 =	5 + 5 =
_ + _ =	_ + _ =	_ + _ =

1 Fülle die Tabelle aus.

Vorderseite	Rückseite	Darstellung Rechenweg	Ergebnis Vorderseite
9 + 8 8 + 9	8 + 8		17
7 + 6 6 + 7			
9 + 4 4 + 9			
9 + 6 6 + 9			
8 + 7 7 + 8			
9 + 3 3 + 9			
9 + 7 7 + 9			
9 + 8 8 + 9			
5 + 4 4 + 5			
9 + 5 5 + 9			
6 + 5 5 + 6			

2 Übe mit deinen Wendekärtchen und kreuze danach an.

Ich habe mit meinen Wendekärtchen geübt. ☐

1 Zeichne den Pfeil ein und rechne.

a) 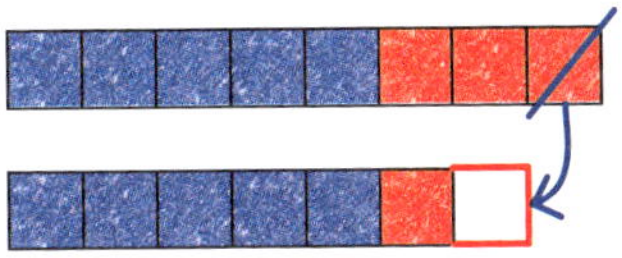

8 + 6 =

7 + 7 =

b) 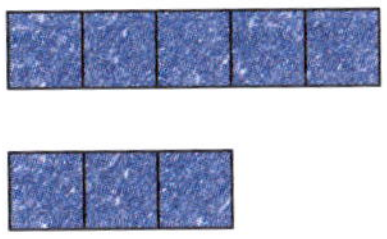

5 + 3 =

4 + =

c) 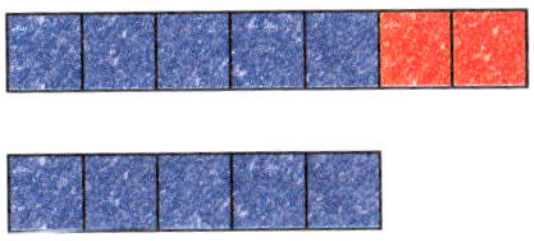

7 + 5 =

+ =

d) 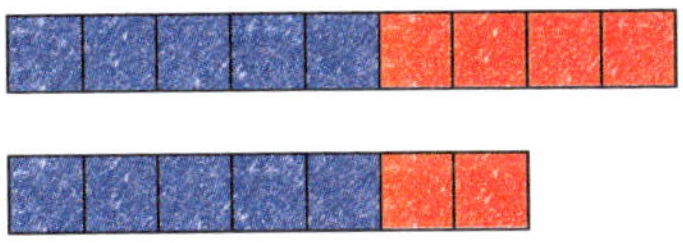

9 + 7 =

+ =

e) 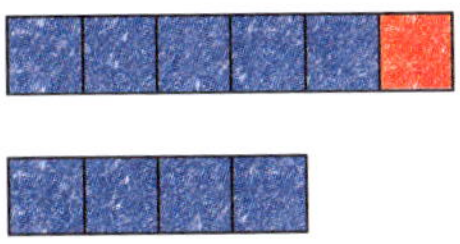

6 + 4 =

+ =

f) 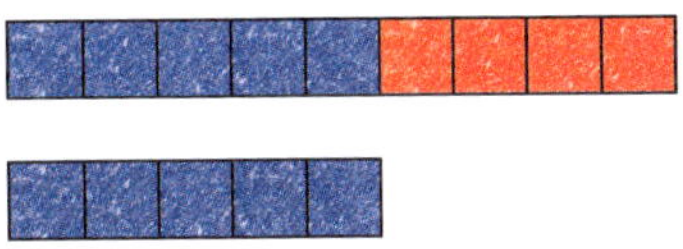

9 + 5 =

+ =

2 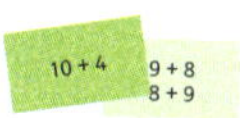

Übe mit deinen Wendekärtchen und kreuze danach an.

Ich habe mit meinen Wendekärtchen geübt.

1 Male an und rechne.

a) 10 3

$7 + 6 =$

b) 10

$8 + 9 =$

c)

$6 + 6 =$

d)

$7 + 9 =$

e)

$7 + 7 =$

f)

$8 + 6 =$

g)

$9 + 9 =$

h)

$5 + 8 =$

1 Male an und rechne. Verschiebe bei Aufgaben mit „4“ ein Kästchen.

a)

10 1

$4 + 7 =$

b)

10

$8 + 7 =$

c)

$4 + 8 =$

d)

$8 + 5 =$

e)

$5 + 7 =$

f)

$9 + 4 =$

g)

$6 + 8 =$

h)

$6 + 4 =$

1 Finde zu jeder Steckwürfelanordnung verschiedene Aufgaben. Zeichne die Trennlinie ein.

a) 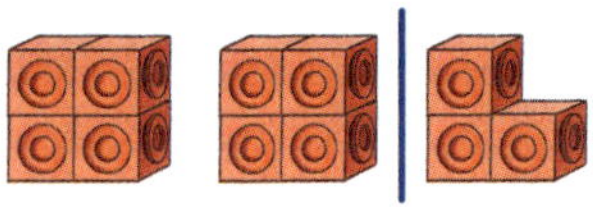

8 + 3 = 11

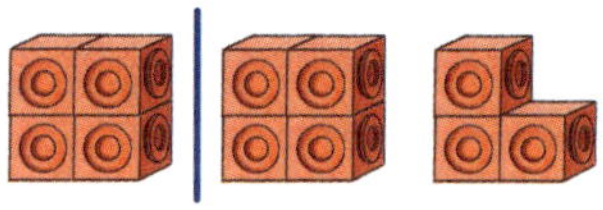

___ + ___ = ___

b) 

___ + ___ = ___

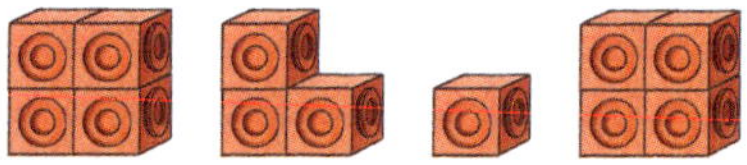

___ + ___ = ___

___ + ___ = ___

c) 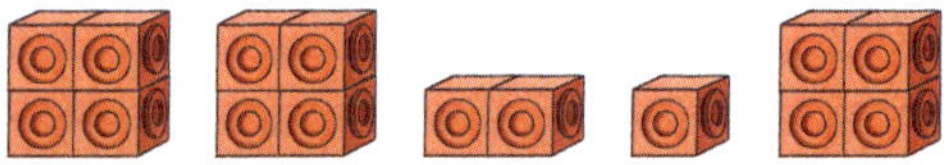

___ + ___ = ___

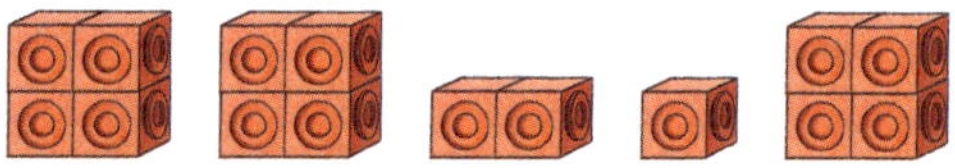

___ + ___ = ___

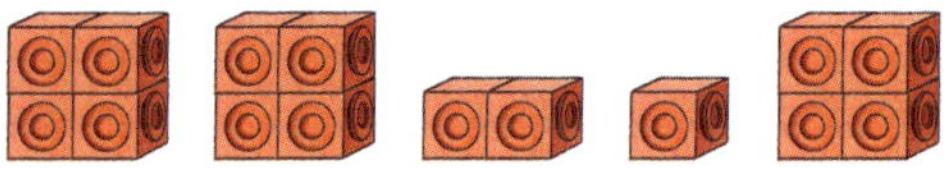

___ + ___ = ___

___ + ___ = ___

2 Übe mit deinen Wendekärtchen und kreuze danach an.

Ich habe mit meinen Wendekärtchen geübt. ☐

1 Wie viele sind es?

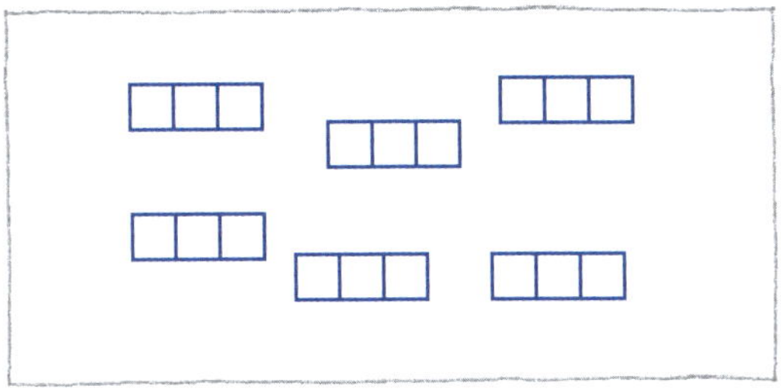

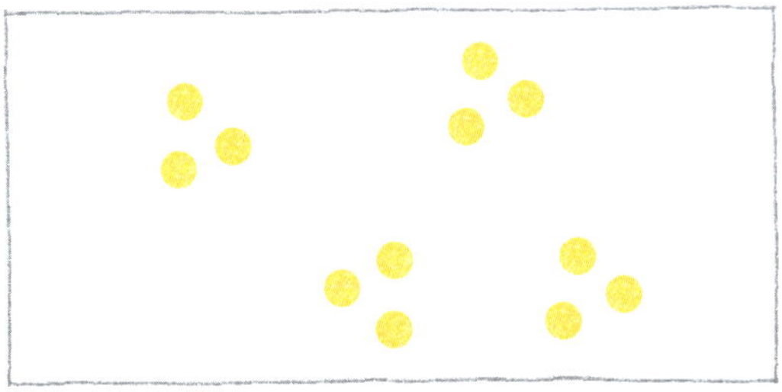

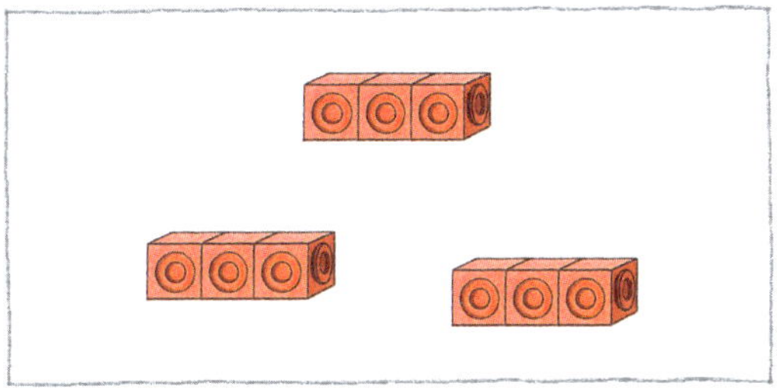

1 Schreibe zu jedem Bild die passende Aufgabe. Rechne.

9 + ☐ = ☐

☐ + ☐ = ☐

☐ + ☐ = ☐

☐ + ☐ = ☐

2 Zeichne zu jeder Aufgabe ein passendes Bild. Rechne.

12 + 3 = ☐

6 + 6 = ☐

3 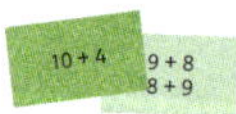

Übe mit deinen Wendekärtchen und kreuze danach an.

Ich habe mit meinen Wendekärtchen geübt. ☐

1 Lege mit möglichst wenigen Steckwürfel-Kärtchen. Zeichne und rechne.

4 + 8 =

7 + 5 =

5 + 9 =

4 + 4 =

3 + 8 =

4 + 9 =

5 + 8 =

3 + 9 =

8 + 9 =

4 + 5 =

7 + 4 =

7 + 8 =

1 Ergänze.

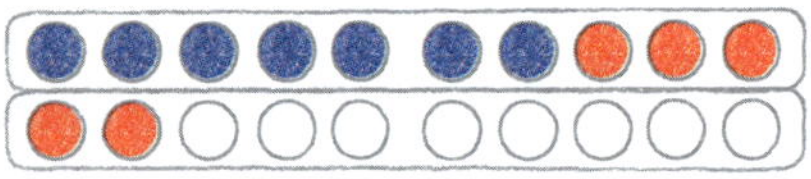

$7 + \square = 12$

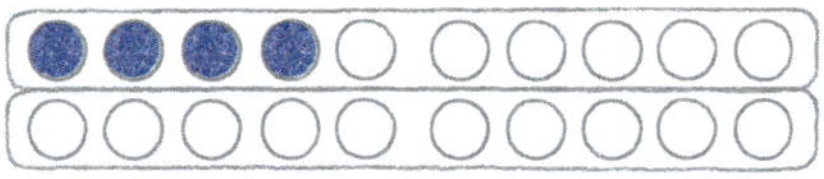

$4 + \square = 13$

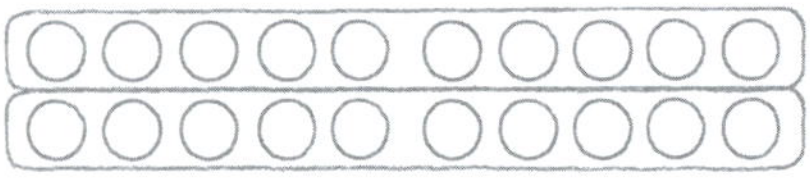

$6 + \square = 15$

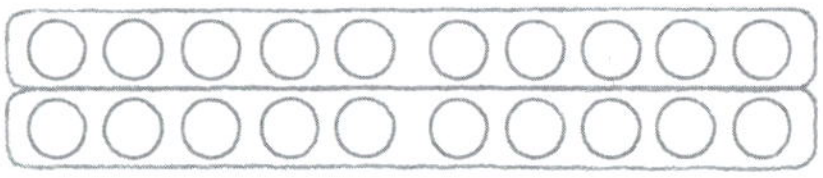

$9 + \square = 17$

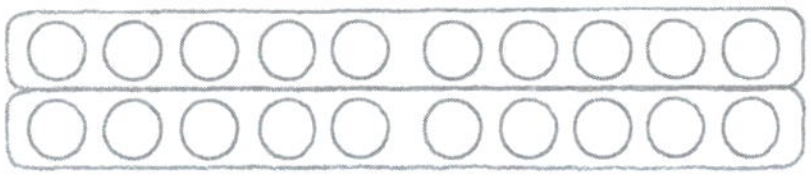

$8 + \square = 11$

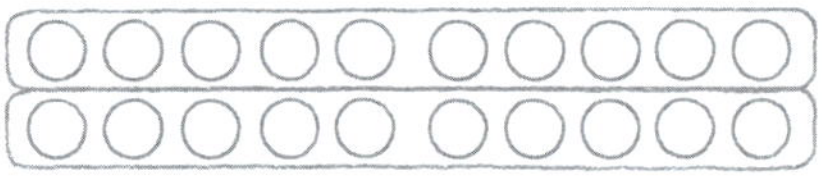

$7 + \square = 16$

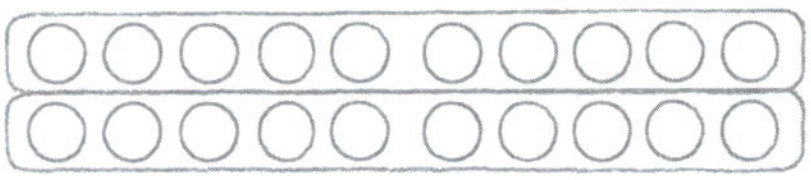

$9 + \square = 15$

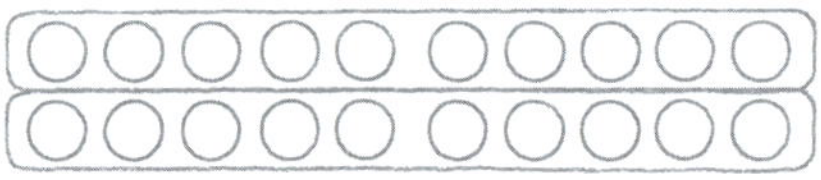

$8 + \square = 14$

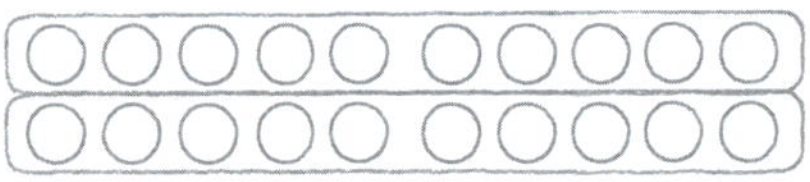

$7 + \square = 13$

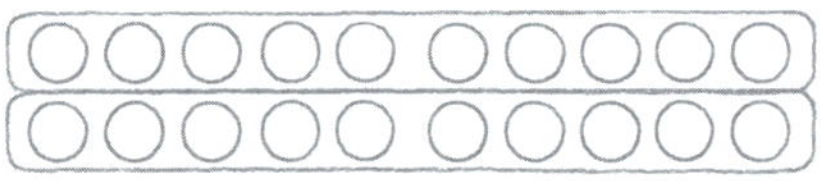

$6 + \square = 12$

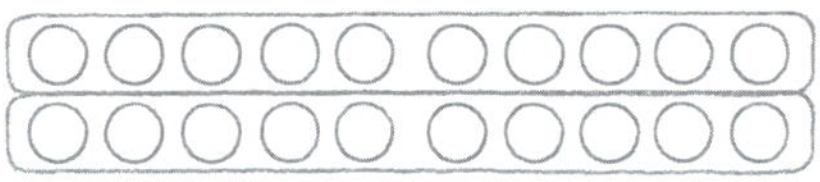

$4 + \square = 11$

1 Ergänze.

8 + ___ = 14	6 + ___ = 13	9 + ___ = 14
8 + ___ = 15	6 + ___ = 12	9 + ___ = 13
7 + ___ = 12	3 + ___ = 12	5 + ___ = 13
7 + ___ = 11	3 + ___ = 13	5 + ___ = 14
9 + ___ = 15	8 + ___ = 18	7 + ___ = 17
9 + ___ = 16	8 + ___ = 17	7 + ___ = 16

2 Ergänze.

a)	b)	c)
___ + 4 = 12	___ + 7 = 11	___ + 9 = 12
___ + 6 = 14	___ + 8 = 13	___ + 4 = 11
___ + 5 = 14	___ + 9 = 18	___ + 8 = 16
___ + 8 = 11	___ + 6 = 10	___ + 7 = 15
___ + 7 = 13	___ + 8 = 17	___ + 5 = 12

3 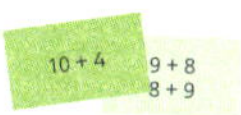

Übe mit deinen Wendekärtchen und kreuze danach an.

Ich habe mit meinen Wendekärtchen geübt.

1 Male an, streiche durch und rechne.

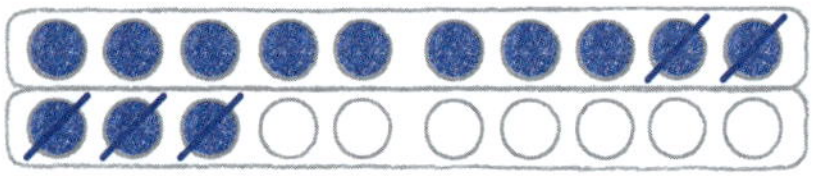

13 – 5 =

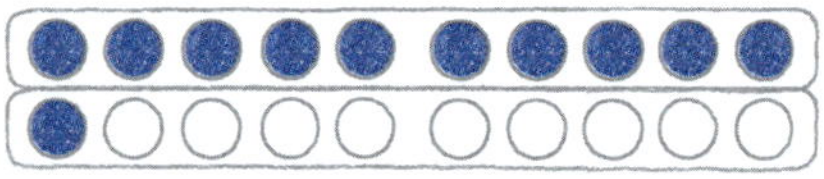

11 – 3 =

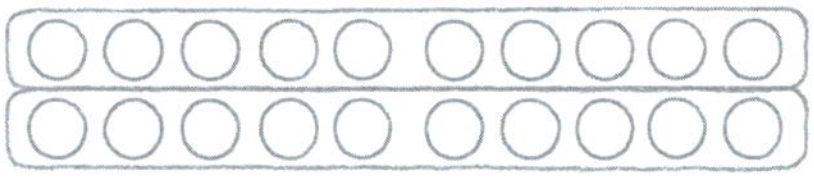

14 – 7 =

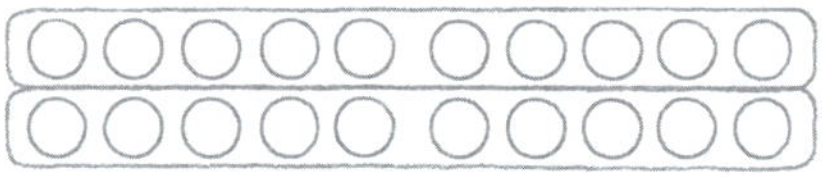

12 – 8 =

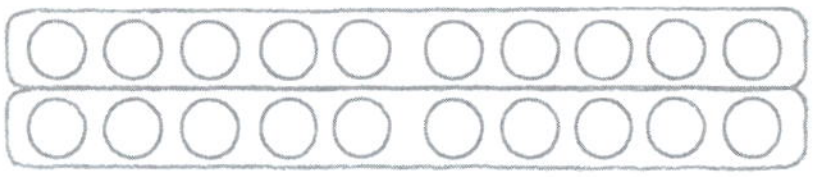

16 – 9 =

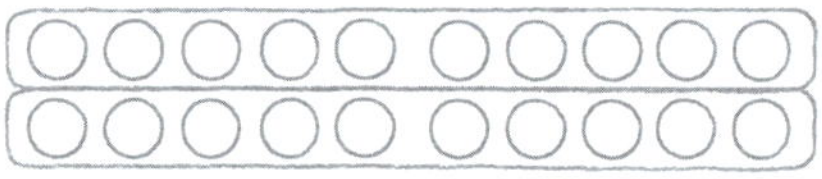

13 – 4 =

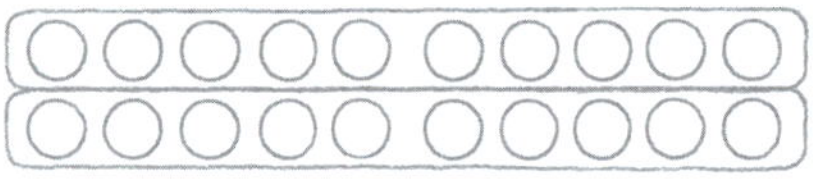

15 – 8 =

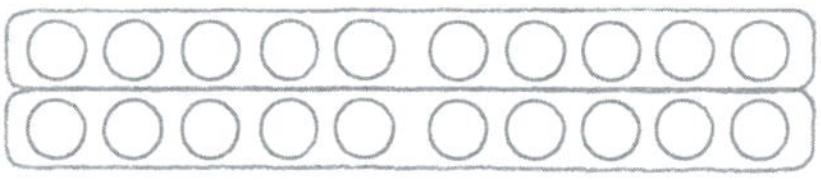

13 – 9 =

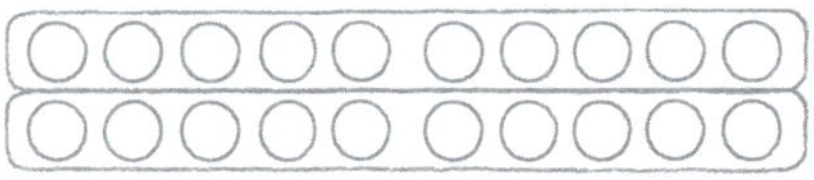

16 – 7 =

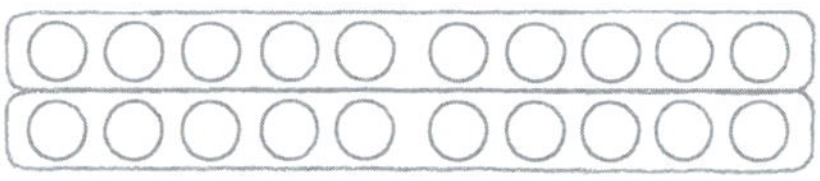

11 – 6 =

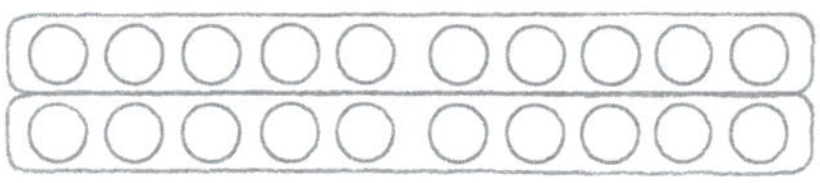

12 – 5 =

1 Rechne die fehlenden Zahlen aus.

4	7
11	

5	
13	

3	
11	

8	4

3	
12	

	7
13	

9	8

	2
9	

	6
12	

7	5

2 10 + 4 9 + 8 8 + 9 Übe mit deinen Wendekärtchen und kreuze danach an.

Ich habe mit meinen Wendekärtchen geübt.

1 Rechne. Schreibe die passenden Zahlen in die grauen Kästchen.

8 + 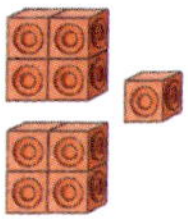 = ___

acht +  = ___

 + fünf = ___

3 +  = ___

 +  = ___

 + 7 = ___

fünf + ___ = dreizehn

___ +  = 12

6 +  = ___

 + vier = ___

___ + zehn = 11

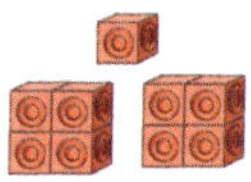 + ___ = 14

sieben +  = ___

5 + acht = ___

1 Rechne.

4 1 2

2 6 0

2 2 7

6 3 4

6 1 3

0 4 4

25

3 3 4 1

29

3 4 3 5

29

7 3 2 7

31

2 5 4 2

1 Wie löst du die Aufgabe? Kreuze an und rechne.

- auswendig
- mit den Fingern
- Nachbaraufgabe
- Tauschaufgabe
- 10 Zehnertrick
- ANDERS anders

a) 5 + 3 =

auswendig		Tauschaufgabe	
mit den Fingern		10	
Nachbaraufgabe		ANDERS	

b) 7 + 6 =

auswendig		Tauschaufgabe	
mit den Fingern		10	
Nachbaraufgabe		ANDERS	

c) 6 + 10 =

auswendig		Tauschaufgabe	
mit den Fingern		10	
Nachbaraufgabe		ANDERS	

d) 8 + 9 =

auswendig		Tauschaufgabe	
mit den Fingern		10	
Nachbaraufgabe		ANDERS	

e) 9 + 6 =

auswendig		Tauschaufgabe	
mit den Fingern		10	
Nachbaraufgabe		ANDERS	

f) 5 + 8 =

auswendig		Tauschaufgabe	
mit den Fingern		10	
Nachbaraufgabe		ANDERS	

g) 7 + 7 =

auswendig		Tauschaufgabe	
mit den Fingern		10	
Nachbaraufgabe		ANDERS	

h) 8 + 4 =

auswendig		Tauschaufgabe	
mit den Fingern		10	
Nachbaraufgabe		ANDERS	